U0154908

人生大事，真管用的还是哲学

罗翔等 著

北方联合出版传媒（集团）股份有限公司
万卷出版有限责任公司

果麦文化 出品

目录

尼采丨如何战胜虚无主义？

刘擎

人们常说，一个思想家代表一种人生态度。今天，我想和大家分享我对尼采思想的认识和体会。

为什么要讲尼采呢？当然有很多理由。第一，尼采是一个重要的哲学家，这是毫无疑问的。第二，尼采思想深刻触及了现代人的心灵困境，或者说精神危机的问题。在这个意义上，我们今天仍然生活在尼采的问题意识中，在很强的一个意义上，尼采是我们的同代人。第三，也有一点我个人的偏爱，我觉得尼采是一个特别有吸引力的哲学家、作家。

我大概在二十岁刚出头的时候就被他迷住了，在后来三十多年的生涯当中，有三四次集中读过尼采。每一次都受到了极大的启发，但同时又陷入了新的困惑。解决了一些问题，却又产生了新的疑惑，所以总是与尼采处于一种纠葛关系当中。

尼采实际上是读不完的，我在《西方现代思想讲义》中也讲过尼采，一共有三讲。我今天谈尼采，主要聚焦在虚无主义的问题上。因为不少年轻人会有各种各样的情绪和想法，比如沮丧、失望、无聊、想躺平，甚至是绝望。他们经常问我：这是不是出现了一种虚无主义的征兆？

我觉得这有关联，但也不能一概而论，有的关系比较密切，有的若即若离。今天我们就从虚无主义这个问题入手，来讨论尼采对于我们认知和应对虚无主义的困境有什么启示。当然，这完全是我的一家之言，不能保证正确。每个人读尼采都会读出不一样的看法，但我尽量做到言之有据，而且尽量避免谈得过于学术。

我大概谈以下几点吧。第一，什么是虚无主义？第二，尼采对虚无主义的诊断是什么？第三，他为应对虚无主义找到了哪些方法或者思路？第四，我们也简略地谈一谈尼采本人是不是一个虚无主义者。最后，我想在总结的时候谈一谈自己的认知和体会。

首先让我们来谈谈关于虚无主义的概念界定问题。虚无主义有点像时间或者空间这样的概念：你不问我，我好像挺清楚的，但你要让我下个定义，就成了个麻烦事。不过我们不必过于纠结这个问题，这里我向大家推荐一本近年来翻译、出版的书，就是《虚无主义》。作者是一位荷兰的学者，叫作诺伦·格尔茨。这本书写得相当好，张红军先生翻译得也非常好。书中作者做了相当好的概念梳理，对虚无主义思想史的来龙去脉梳理得非常不错。他提出了不同类型的虚无主义，比如说道德虚无主义、认识论虚无主义、政治虚无主义、宇宙论虚无主义、生存论虚无主义，等等。同时作者也对虚无主义、悲观主义、犬儒主义和凡事无所谓的态度做了区分。不过我认为这些区别也不是那么有说服力，因为它们之间的边界不是那么清楚，但这很有意思。

那么我们来谈谈虚无主义的特征。一般来说，虚无主义可以被看作一种学说、一种信仰、一种理论或者意识形态，它认为不存在任何真理或者真相。但我们可以发现，最纯粹或者说极端的虚无主义有一种自相矛盾的特征，因为如果任何真理都不存在的话，那么“没有任何真理”本身也就不是真理，它有一个自我瓦解的内在矛盾。当然也有人认为，虚无主义者意识到真理或者真相可能存在，但在我们的生活实践中是不可企及、无法达到的。因此虚无主义者会将寻求真理、获得真相看作是徒劳无益的。

有一种人认为虚无主义可以有一种相当融贯、一致的定义。虚无主义传达了这样一种观点：不光任何东西都没有内在、客观的意义，你自己可以创造你自己的意义；实际上任何意义，包括你自己创造的意义，都完全是没有意义的。这意味着在获得一种所谓真正的虚无主义世界观之后，人类就失去了所有自古以来支撑自己生活的幻觉，而这将不可避免地导致绝望。

但这里也有一个麻烦："一切都没有意义"是什么意思呢？"意义的意义"是什么意思呢？当我们言说"没意义"的时候，需要有一个"意义"作为前提。因为"有"和"无"是一个关系性的概念。我们要讲任何事情都没有意义的时候，一般来说要相对于我们认为本来似乎什么是有意义的；当我们否定了一切事物有价值的时候，我们好像有一个前提说本来似乎什么是有一些价值的；那么，如果我们取消了"价值"和"意义"的概念，也就不存在"没有意义"和"没有价值"，这个说法本身就变得空洞或者不知所云了。

但让我们想象一下，一个彻底的虚无主义者会是什么样的呢？如果他认为"一切都没有意义"，那他不一定是悲观的，也不一定是乐观的，他甚至可能是无所谓的。既然一切都无所谓，那死亡也没有意义，所以他未必是要去寻死的。他可能是无所作为的。但这样的人真的存在吗？我很怀疑。

当然，在概念上极端纯粹的虚无主义是自相矛盾的，这一点并不能让虚无主义这个问题自行消解。我们在日常生活中会碰到一些人，他们用一种冷眼旁观、自以为是的态度说：“你们追求的东西，无论是道德、事业、爱情，还是爱国主义、人类和平，所有目标其实都是没有意义的，你们是把一种主流的、现成的观点当成了信仰。”而在他们看来，这一切都是白费功夫，是陷入了一种虚妄的状态。

但是《虚无主义》说，这种人是自以为是的，因为他反对主流的、别人肯定的价值，他有一种巨大的否定性，也被人看作是虚无主义者。其实这种人在生活中是不可能对所有事情都分不出好坏的，比如说他受伤了，他要不要医治呢？他有没有人趋乐避苦的本能呢？他总不能说鲜血淋漓和皮肤完好有着同样的价值吧。

真正有意义的，不是说生活中所有事物都没有价值，没有高低、对错、好坏之分，而是说某种重要的、具有超越性的、根本性的、终极的价值是不是真实，是不是虚妄，有没有意义。这里我们就谈到了尼采。

接下来我想讨论一下尼采对虚无主义的认识和诊断。他在《权力意志》中写道：“虚无主义：没有目标，没有对‘为何之故？’的回答。虚无主义意味着什么呢？——最高价值的自行贬黜。”

当然这不是一个突然来临的事件，而是一个过程。就是在基督教中，包括在柏拉图以来的哲学中，那些被设定为原则、规范、理想的东西失去了约束力、创造力。甚至在非西方文化中也是一样，主流文化倡导的最高价值都被拒绝了。

这种虚无主义来临时有几个特别典型的表达，就是在《快乐的科学》中那个疯子的著名宣告："上帝死了！永远死了！是咱们把他杀死的！"尼采所理解的上帝之死，就是说上帝只是人类内心渴望的一个外化物，而人现在要学着收回这种渴望。尼采比以往的无神论者（比如说费尔巴哈）还要激进一点。他认为人所创造出来的不仅是上帝，还有仁慈、爱和怜悯这些价值，是人让上帝成为这些价值的典范和保证。而现在，人要走向自己了。

那这一切是怎么发生的呢？尼采的要点在于，基督教的上帝对人的生存意义有一种规定，其中包含着价值、道德、规范、理想等目标，它们都是建立在人的感性生命之上的；但是上帝死了，就意味着我们失去了生命的整体意义。

但是尼采发现，问题就出在人要把这些价值、道德、规范、理想建立在生命之上来寻求答案。这个就是形而上学，从柏拉图时代就开始了。这种形而上学由于压制和扭曲了生命最根本的价值，所以造成了虚无主义。在尼采看来，这种把价值、道德、规范、理想建设在超越生命之上的那种形而上学的努力，都是误入歧途的。于是他从"之上"的路径转向了"之前”，他要看到在这个建构形而上学之前的世界是怎么样的。这就是他在《道德谱系学》中的发现。

他发现在前苏格拉底时代的西方，人类的道德中不存在今天所谓的善恶。当时大概只有两种道德：一种是强者的道德，他们赞美生命，生机勃勃；还有一种就是弱者的道德，是胆小的、体弱的，他们是失败者。这两种道德也可以叫作主人道德和奴隶道德。

奴隶对主人有一种怨恨，在这里无所谓后来的善、恶、是、非。但是在柏拉图时代以后，人们就把这种出于生命感受的欲望压抑了，把它转向了一个认识问题，或者叫知识问题。

到基督教出现时，就有了一个更大的扭转。尼采认为基督教也是一种形而上学，他说基督教是平民的柏拉图主义，什么意思呢？基督教就是让那些生命力不够旺盛的人，处在所谓奴隶道德中的人，那些变得软弱无力而心生怨恨的人，有了一次翻转的机会，把怨恨本身产生的一种软弱当成了道德价值。他说基督教战胜罗马是所谓道德历史上的奴隶大反叛，弱者与怨恨伪造了一个新的价值图表，从报复和仇恨的树干上生长出了一种新型的爱。弱者在“上帝面前一切灵魂都是平等的”口号下向强者造反，最终他们胜出了。

尼采说正是这种思想的炸药，最后导致了革命、现代观念和整个社会秩序的堕落。简单来说，尼采认为如果你不相信自己生命的力量，要把自己生命的价值、道德、规范、理想建筑在超越感性生命之上的、形而上的理论和学说上，或是信仰上，那你注定会导致虚无。因为你依附于一个超验的、形而上的理论，而所有远离意志生命的理论都是虚妄的，都是靠不住的。

下面我们来看看尼采是如何应对虚无主义的。他克服虚无主义的途径是所谓“积极的虚无主义”，他既反对不完全的虚无主义——企图在传统的价值被颠覆后，再创造一种新的形而上的价值，他也反对消极的虚无主义——对来势汹汹的虚无主义听之任之，放任无为。而积极的虚无主义是什么呢？是要以生命强健的权力意志作为价值设定的新原则，而且这种新原则是大无畏的、勇敢的，要承认和接受所谓“永恒轮回的命运”。他在札记里这样写道：虚无主义提的问题就是“为何之故”。但是这种问法源自一种惯常的思维，他的目标必须从外部通过某种超越人类的权威来安置、给定、要求。这样一种习惯，在他看来就是完全自我放弃了生命的力量。对尼采来说，虚无主义不是智慧的终点，而是起点。尽管我们认识到不存在客观价值，但这并不是引发我们绝望的理由，而是会导致人对“超人”的一种肯定。

超人是什么意思呢？超人并不是一个不同的物种，或者更高级的种族，或者外星人。超人就是人自己，就是学会了肯定自己生命的那种人。我们要赞美我们自己之所是、以往从来之所是，以及将来永远之所是，我们自己就是价值的创造者，我们是这样一种存在。我们的根本天性就是意志，就是权力意志，它将塑造我们自己思想与行动的规则。我们要将自己变成自我创造的艺术作品，而不用应答任何更高的权威。

在这里有一种很强的对生命本身价值的看重。对尼采来说，什么是价值呢？价值就是对生命本身的保存和提升，所以这是一种内在的价值原则。作为一种新的价值设定原则，权力意志同时是重估以往一切价值的原则。

我们可以这样来理解，尼采他看了这么多书，想了这么多问题，体验了世界上这么多事情，在他看来，世界给我们带来的感知理论学说最根本的价值，就在于我们的生命和生命力本身。这是我们人类作为生物性存在和精神性存在的根基，也是我们生活有意义的价值来源。只有站在这一点上，你才能够热爱生命、张扬生命力，才能够合理地主张价值。只有站在这个基点上，才能够重估一切价值。因为我前面讲过，你不可能重估一切价值，因为你不可能根据一个非价值来重估价值，我们只能站在某个价值的根基上来重估其他的价值。

而尼采认为自己找到了这样一个根基，那就是生命力，也就是权力意志。尼采呼吁大家回到生命本源的力量上来，让我们能够重新产生跟我们生命存在的根本之源发生关联的价值学说，这就是所谓积极的虚无主义。就是面对无意义的世界，由我们的生命力来创生自己的价值。

我们再简单地谈一谈尼采本人是不是虚无主义者这个问题，我觉得大部分尼采研究者都认为尼采本人不是。但这里面有一个重要的反对者就是海德格尔，他认为尼采本人也是一个虚无主义者。

什么意思呢？就是在海德格尔看来，形而上学把世界分成两种：感性的世界和超感性的世界。把二者对立起来，才是形而上学的一个本质，并作为柏拉图主义的本质。在传统的柏拉图形而上学当中，或者基督教道德当中，是把超感性的领域优先于感性的领域。而尼采做了一个倒转，他把感性的领域置于超感性的领域之上。

在海德格尔看来，这种柏拉图主义的颠倒仍然没有跳出形而上学的框架。虽然超人不追求以往的那种需要超越自身的理想、希望的形而上，但超人本身就是权力意志。这种权力意志仍然是一个概念，是所谓"存在者"，而不是海德格尔要找的那个"存在"。尼采虽然终结了形而上学，但其自身也陷入了形而上学，所以海德格尔认为尼采是最后一个形而上学家。也就是说，在海德格尔看来，只有放弃了人的主体性，才会放弃追求客体，才会以一种新的面目、新的身份来生活。

但这点是有争议的，因为海德格尔过于狭隘地阐释了超人和权力意志的概念，而且他过度依赖《权力意志》这本有点争议的书，因为这是尼采的妹妹修订过的。

最后我来分享一点自己读尼采的体会。我觉得尼采好像给了我们一个答案，就是说我们要高扬自己的生命力，伸张自己的权力意志。但是这个答案本身好像包含了很多困惑、内在的紧张和危险性，还有一些神秘性。比如，高扬生命力可能会导致好战的品格，甚至鼓吹战争。《查拉图斯特拉如是说》里面就有这样一句话："你们说，这是甚至使战争都神圣化的好事？我告诉你们：这是使每一件事神圣化的好战争。"

另外，尼采的主张也带来某种伦理上的担忧，就是让一种危险变得残忍无情。在《敌基督者》里他甚至说："柔弱者和失败者当灭亡：我们的人类之爱的第一原则。为此还当助他们一臂之力。"听上去这很像某种社会达尔文主义的主张，这也可能是他被纳粹利用的某些侧面吧。

面对尼采这样一个克服虚无主义和消极主义的积极虚无主义回答，我们是不是能够避免它的危险，采纳它好的方面呢？我觉得蛮难的，他对生命的张扬本身就包含着这种危险性，我们很难洗干净那些危险的部分，只取它好的部分。

另外一个问题就是尼采的学说似乎是一种强者的哲学。那些弱者或者是奴隶，他们一开始怎么会受到形而上学和基督教学说的吸引呢？因为他们在没有形而上学的世界里，可能原本就找不到自己生命的价值感、力量感，所以他们才要祈求一个超越自己生命超感性的意义世界。那么尼采现在把这些都打破了，让弱者怎样自处呢？

这是一个现实的问题。那么尼采会怎么说呢？尼采说没有办法，如果你要诉诸一个幻觉，依赖一个幻觉的理论或学说来建立自己生命的话，你注定会陷入虚无主义的困境，或者危机当中。那么怎么办呢？他说：人是可以超越自己的，弱者不是注定的，人的生命本身有一种生生不息的生成性，人永远不是注定的，永远可能成为新的自己。

你有两种选择，一种是你以为你是一个天生的弱者，但是你真正的出路就在于超越自己，成为一个强者，成为某种超人。超人不是一个固定的类型，是超越自己的意思。还有一种就是放弃，重新回到某种幻觉上来，无论是宗教的，还是形象哲学的，或者是某种科学的。他认为真正勇敢的选择是前一种道路，而不是后一种。

最后一个问题，什么叫作对生命的自我肯定？我们要放任自己的欲望，才能成为“我之所是”吗？这个问题其实蛮复杂的，因为尼采谈论生命力和权力意志，并不是在完全生物性欲望的意义上来使用这些词的，他还有一个高贵的概念。这听上去有点像保守派，但他所谓的高贵并不是讲一个社会阶级的等级，而是讲一种精神气质。对纯粹的生物性本能，他既不主张纯粹的控制、压抑，又不是要放任，而是要超越，这是一种升华。

尼采非常强调艺术的作用，如果简单地放纵或者是简单地控制，那根本不需要艺术。他说："用艺术家的眼光考察科学，又用人生的眼光考察艺术。"（《自我批判的尝试》）然而生命的眼光本身还不是一个价值的立足点，他必须对生命作出某种特定的价值阐释，才能够成为重估一切价值的立足点。因此，对生命的估价也必须超越生物学所建立的尺度，这种创造不可能完全是由内部无中生有的、完全主观的。

在生命创造、自我超越成为超人的过程中，我们不需要外部条件吗？我相信在尼采的思想中蕴含着，或者至少不排斥我们对世界的拥抱。他不完全是一个赤裸裸的、单纯的个人主义者，完全听凭自己的意志创造一切。这不仅仅因为我们人的生活离不开外部世界的塑造，还因为我们的生活需要回应，需要尊重这个世界给予我们的一些要求。

问题是在现代社会有一种比较偏执的理解，就是我们似乎非常惧怕一切外在于我们意志的规范，无论是超验的，还是科学的，或者是生物的。好像一承认这个我们自我意志之外的规范，我们就被异化了，这些力量都构成了对我们自由的异化力量，这就暴露出一种可怕的威胁，好像这样一来我们就失去了创造自己的自由；如果我们去尊重某种高于自身的存在，无论是人类的群体，还是超越个人的自然世界，好像我们必定会否定自己的生命，否定生命的力量，也就否定了我们的自我。

在我看来，尼采给予了生命理念这么崇高又神秘的精神气氛，他一定不是简单地说我想要什么就做什么，为所欲为地放任。之所以他会谈到生命的低级形态，一种默认的存在状态，是因为这一定包含着经由某种自我的审视、否定，达到自我超越的道路。而在这条道路上我们遇到的人、我们在世界上的际遇，并不因为外在于我们的意志就对我们构成了必然的压抑、束缚。而我们作为一个生命的存在，要去面对它，面对这个世界，把世界看作是我们自我成长的资源，这才是一种真正的无畏勇敢，也才能抵达我们真正的自我超越。

可见，尼采为我们带来的启发、灵感与混乱、困惑是一样多的。我不敢声称自己真正读出了一个纯正的尼采，我认为尼采思想当中的一些含混、自相矛盾，或者是语焉不详，是尼采思想的内在紧张性。我们阅读尼采，也可以从我们的困惑当中汲取尼采给我们的激励和创造性的灵感。

从尼采开始思考，而不是终结于他。

穆勒｜对幸福不做期待才有幸福可言

罗翔

《论自由》

一

1999年，我在中国政法大学读研究生。第一次读穆勒的《论自由》，至今还能回忆起初次阅读的震撼，已经发黄的旧书上密密麻麻写着很多读后感，书本中有三分之一的篇幅被画线标注。对于当时的我，书中很多观点如同惊雷。

穆勒是边沁的学生，他批判性地发展了老师的功利主义思想。边沁认为人类由痛苦和快乐主宰，道德的最高原则就是使幸福最大化。法律的根本目的在于追求“最大多数人的最大幸福”。功利主义最大的问题是会导致多数对少数的不宽容，也就是“多数的暴政”。更何况多数往往只是名义上的，组成多数的个体大多沉默且盲从。

为了解决这个问题，穆勒将人的尊严引入功利主义当中。穆勒认为，从长远来看，尊重个体自由会导向最大的人类幸福。从长远来看，尊重每个个体的自由，会让个人的能力得到最大限度的发挥，增进社会福祉。

穆勒《论自由》一书开篇即引用威廉·冯·洪堡的名言："人类最为丰富的多样性发展，有着绝对而根本的重要性。"只有在自由的环境中才能诞生天才，天才在一般人看来是怪异的，也不太能够循规蹈矩，但是天才会极大地促进社会福利事业发展。

在这部伟大的著作中，穆勒为个人自由竭力辩护，他说："只要我们的行为不伤及他人就不受人们干涉，即使在他人看来我们所行是愚蠢的、乖张的或错误的。""唯一名副其实的自由，是以我们自己的方式追求我们自身之善的自由，只要我们没有企图剥夺别人的这种自由，也不去阻止他们追求自由的努力。在无论身体、思想还是精神的健康上，每个人都是他自己最好的监护人。""从长远上来看，国家的价值，归根结底还是组成这个国家的个人的价值。"

这本书至少对我个人在职业、专业和志业上都有重要的纠偏意义。首先是对"学而优则仕"职业观的反思。

对于知识分子来说，叙拉古的帝师梦是一个挥之不去的诱惑。但穆勒却提醒我们，不必要地增加政府权力是一种极大的祸患，如果最优秀的人才都充斥在官僚机构，那么社会中的其他人无论追求什么，都唯有仰承官方的旨意。谋求进入官僚机构，进入之后又谋求步步高升，就成为人们进取的唯一目标。

当权力意味着优秀，那么权力的趾高气扬也就可想而知，它无法容忍批评，因为在优秀者看来，一切批评都是愚人的蠢见。当批评的声音不复存在，官僚体系就有可能陷入僵化，如果一国之内所有才俊都被吸纳进入政府，那么政府本身的精神活力和进取之势迟早都会丧失。

同时，当民众习惯于政府成为他们的家长，“那他们自然就会把一切临到自己头上的灾祸都视为国家的责任，并且一旦灾祸超过他们的忍耐限度”，他们就无法忍受家长的无能。因此，穆勒认为，精英应该分布在各个行业，这样才能保证社会的活力与稳定。

2005 年，我又回到中国政法大学做了一名老师，我立志成为一个好老师。但是多次晋升未果后，我非常郁闷，一度想过辞职。一位朋友问我：“如果一辈子都是讲师，你还能不能做一个好的老师？”我想了很久，觉得即使一辈子无法高升，我也还是希望自己能够做一个好老师。朋友说：“那不就得了，好好带学生读书吧，能够成为一名有责任心的老师本身就是幸福。”

名利本是浮云，人无法追上浮云，但浮云会不经意间来到人前。越是追逐荣誉，越是难以追到；越是轻看荣誉，荣誉反而会来追你。其实，没有任何荣誉是我们伪善幽暗的灵魂所能承受的。

其次是对法律功能的专业反思。最初学习法律，我总认为法律是治人的工具，看到每个行为，本能就去想：这个犯法吗？这个要判几年？但是穆勒提醒我：总是治人的法律是人治，不是法治，法治重要的功能之一是对权力的约束。

穆勒举了一个如何限制鹰王权力的例子。据说这里的鹰王是英国国王的谐音梗，“eagle”（鹰）和“England”（英格兰）发音很像。“在一个群体中，为了保护更为弱小者免遭无数秃鹰捕食，有必要由一个比其余者都更强的鹰王受命进行统御。但是这个鹰王对群体的戕害实不亚于那些小一号的贪婪者，于是群体又不得不对鹰王的尖嘴利爪时刻加以提防。”所以，法治思维的要义就是抛弃权力本善的预设，始终要警惕权力的滥用。因此，法治的一个至关重要的问题就是：惩罚边界到底何在？

穆勒给出了一个简明的原则：“若社会以强迫和控制的方式干预个人事务，不论是采用法律惩罚的有形暴力还是利用公众舆论的道德压力，都要绝对遵守这条原则。该原则就是，人们若要干涉群体中任何个体的行动自由，无论干涉出自个人还是出自集体，其唯一正当的目的乃是保障自我不受伤害……仅仅是防止其伤害他人……不能因为这样做对他更好，或能让他更幸福，或依他人之见这样做更明智或更正确，就自认正当地强迫他做某事或禁止他做某事。”

正是因为穆勒的洞见，刑法理论诞生了损害学说，如果一种行为没有损害他人的利益，那就不是犯罪。

一方面，立法者不能动辄以社会利益、国家利益这些超个人利益的名义随意扩张惩罚范围。在穆勒看来，如果超个人的利益无法还原为每个个体的利益，那么这种利益就是一种虚假的利益。在刑法中，有许多看似言之凿凿的罪名，在这种观念的审视下其实都是不严谨甚至错误的立法。有些行为也许对多数人构成了强烈的冒犯，但这种冒犯更多只是一种情感上的不爽，甚至这种不爽还只是人为的偏见，不能因为这些冒犯就发动惩罚权。

另一方面，立法者也不宜老以家长自居来安排民众的生活，自以为是地认为限制民众的自由是为了他们好，打是亲，骂是爱。家长主义立法只能针对小孩，不能针对成年人。有一种冷是妈妈觉得你冷，对于小孩还说得过去，但是如果对于大人还这样，这就有点过了。

穆勒提醒我们法治的意义。人类的文明就如火山口上的薄纱，非常脆弱。人类要想走出治乱循环的宿命，法治可能是唯一的选择。越是紧要关头，越是要坚守法治的底线。

最后是对我学术志业的反思。我曾经在功名的道路上一路狂奔，立志成为一个杰出的学者。“为天地立心，为生民立命，为往圣继绝学，为万世开太平。”（《张子全书》）横渠四句激励着我年轻的心，我不喜欢反对的声音，容不得他人的批评，我觉得自己的志向如此高远，他人的指责与批评都只是嫉妒与无能的一种体现。

但穆勒的《论自由》把我从独断论的沉睡中惊醒。穆勒让我反思批判精神的重要性，学术的生命就是要接受他人的批评。很多时候，越是崇高的志向，越是让人忘记人性固有的幽暗，自欺导致自负。

穆勒用四个环环相扣的论证来证明，思想自由以及意见表达自由对人类精神幸福的必要性。

首先，反对的意见有可能是正确的，我们所笃信的可能是错误的，人不可能是无谬的存在；其次，反对意见即便是错误的，但也可能包含着正确的成分，通行的意见并不一定全部是真理，只有与反对意见碰撞，余下的部分真理才有机会得以补足；再次，就算通行意见不仅正确而且全部是真理，那也应该不断接受反对意见的挑战，因为这会让真理更加鲜活，不至于沦为教条；最后，如果真理成为教条，接受者在不理解的情况下被动接受，真理就会失去意义，对人的身心言行不再有积极影响，最后就会沦为空洞的形式。

穆勒在《论自由》一书中不断地提及苏格拉底，穆勒和苏格拉底都主张批判精神，那么二者有无不同呢?

苏格拉底承认自己的无知，唯一所知的就是自己一无所知，但是最终他还是想从无知走向有知，他所有的怀疑都是为了确信。我们越是笃定，就越是能够从容地接受一切批判。但是穆勒到底有没有相信的东西呢?如果只是为了怀疑而怀疑，如果怀疑不是建构，只是解构，这种怀疑是否会走向虚无呢?这个问题，我一直在思考。

随着年岁渐长，尤其是对自我人性的认识加深后，我放弃了穆勒的很多主张。在新版本的《论自由》中，我在书中随手写下的读后感主要是批评而非点赞。

穆勒对于人性太过乐观，他给人充分自由的选择，认为大部分人都会自由地选择崇高，拒绝卑劣。但我有限的个人经验告诉我：不少人往往都是心中向往崇高，却自由地选择卑劣。还有人根本不知道如何选择，他们会自由地把选择权让渡，希望他人帮助自己选择。

虽然对于穆勒的很多观点我有不同的看法，但是我想穆勒会欣赏我的批判态度，因为这种批判性的思维原本就是《论自由》的灵魂。

我慢慢地告别了自己最初的雄心壮志。我不再想变得杰出，只想努力变得诚实，诚实地面对自己的内心，诚实地对待自己的职业，和学生们一起重温人类那些激动人心的教导，让他们始终以一种谦卑的批判精神来追求真理，因为只有真理才能让人拥有真正的自由。我把这作为我尘世的志业。

韦伯在《以学术为业》的结尾引用了《以赛亚书》的一段对话："守望的啊！黑夜如何？"守望的人说："早晨将至，黑夜依然；你们若要问就可以问，可以回头再来。"

但是，如果没有光明，对于黑夜的忍受就是没有意义的。

《功利主义》

一

对于经典的书籍我喜欢反复阅读。前面讲了约翰·穆勒的《论自由》，接下来我们讲他的另一部代表作——《功利主义》。全书共六十五页，咬咬牙，一天时间就可以读完。

法律人经常说的利益权衡——所谓成本收益大概都是功利主义思潮的一种体现。但到底什么是功利主义呢？如同所有的超级概念那样，仔细一琢磨，你就会发现你所懂的其实是基本不懂。

说实话，我也不懂，但承认自己无知也许才能告别不懂装懂的虚荣。

穆勒的父亲是典型的“鸡娃”家长，穆勒从小接受父亲詹姆斯·穆勒严格的教育。詹姆斯也是功利主义大师，与边沁私交甚好，他们共同创立了“威斯敏斯特评论”，着力宣扬功利主义哲学。

詹姆斯相信洛克的白板理论，认为人的心灵是块白板，思想来源于经验的涂抹。于是，父亲在小穆勒的“心灵白板”上尽情涂抹，穆勒三岁学习希腊文，六岁写作罗马史，七岁读柏拉图，八岁接触拉丁文……十七岁进入东印度公司工作的时候，他的学识远远超过一般的大学毕业生。他没有朋友、没有游戏，只有书籍和父亲的教导。二十岁，他的精神崩溃了。

所幸穆勒在英国桂冠诗人华兹华斯的诗歌中得到了慰藉，这也让他重新审视之前过于机械的功利主义思维。他开始意识到感性也拥有不同于逻辑的哲学力量。

穆勒对于边沁的功利主义的重要修正，至少有如下几点：

○ 快乐有高下之分

边沁认为，道德的最高原则就是使幸福最大化，法律的根本目的在于追求“最大多数人的最大幸福”。在边沁看来，快乐没有质的区别，只有量的不同。物质或肉体的快乐是简单的快乐，精神的快乐是复杂的快乐，复杂快乐只是简单快乐的量的扩大，两者没有本质区别。“所有的快乐都是一样的，图钉游戏与诗歌一样美好。”对于被诗歌治愈的穆勒而言，这种论调简直是一种亵渎。

穆勒将快乐区分为幸福与满足，禽兽的快乐无法说明人类的幸福概念，人类具有的官能要高于动物的欲望。幸福与人类尊严有关，但满足无关尊严。

动物的欲望很容易得到满足，但人类对幸福的追求却永无止境。“存在物的享乐能力较低，其享乐能力得到充分满足的机会便较大；赋有高级官能的存在物总会觉得，他能够寻求的任何幸福都是不完美的。”因此，不要把人的幸福降格为动物的满足，否则就是对人格尊严的亵渎。

有些事情，猪和狗可以去做，但是人不能去做。人也不应该嫉妒猪狗式的快乐，因为那种快乐只是畜生的快乐。穆勒说：

做一个不满足的人胜于做一只满足的猪，做不满足的苏格拉底胜于做一个满足的傻瓜。如果那个傻瓜或猪有不同的看法，那是因为他们只知道自己那个方面的问题。而相比较的另一方即苏格拉底之类的人则对双方的问题都很了解。

穆勒认为，快乐有质的区别，功利主义应当区别高级快乐和低级快乐，越能体现人性尊严的快乐就越是一种高级的快乐。“就两种快乐来说，如果所有或几乎所有对这两种快乐都有过体验的人，都不顾自己在道德感情上的偏好，而断然偏好其中的一种快乐，那么这种快乐就是更加值得欲求的快乐。”

低俗小说、通俗小说和高雅艺术，同样都能给人带来快乐，但是对于体验过这三种快乐的人，是不是会觉得高雅艺术是一种更值得追求的快乐呢？如果某校百年校庆，只能在这三种作品中选一种捐给图书馆，供学弟学妹欣赏，作为校友，如果你同时体会过这三种快乐，你会选哪一种呢？

然而，人类对高级快乐的追求是需要训练的，因为人性非常软弱，我们往往向往崇高，却沉溺卑劣。“许多人在年轻时对高尚的东西都很热衷，但随着年龄的增长便逐渐变得懒散和自私。”但是穆勒不相信这是人的自愿选择，他认为这只是后天的环境扼杀了人性对于崇高的向往。

“享受高尚感情的能力，在大多数人的天性中都是一棵非常柔弱的花草，不仅很容易被各种不良的环境因素扼杀，而且只要缺乏营养，就很容易死亡。”

“他们之所以沉迷于低级快乐，不是因为他们有意偏好这些快乐，而是因为唯有这些快乐才是他们能够得到或者能够享受的东西。”

穆勒认为，没有人会自觉而冷静地偏好过低级的快乐。生活所迫、环境所逼并不是智识上的一种缺陷，但炫耀则是愚蠢的体现。无论是炫富、炫智还是炫耀自己高尚，大抵是因为不学无术、缺乏敬畏。走出洞穴靠的不是自己的努力，而只是命运的垂怜。

穆勒认为快乐有质的不同，这显然是在向柏拉图致敬。两千多年前，柏拉图就在《理想国》中借苏格拉底之口提醒我们：所有的快乐并非一律平等，快乐有高下之分。

高级快乐可以理解低级快乐，但是低级快乐永远无法体会高级快乐。追求正义的人生活最幸福，而不正义者最不幸，两者的范例就是哲学王和僭主。柏拉图说追求正义的哲学王比不正义的僭主快乐729倍，当时人们对年份的理解是一年364.5天，柏拉图的意思是正义者一年中的每日每夜都比不正义者幸福。

○ 德性也是幸福

功利主义经常被认为不讲美德，人们常常把功利主义与德性主义对立，但穆勒却试图调和美德与幸福的冲突。

穆勒认为美德与幸福并不矛盾，但他并不赞同斯多葛学派主张的人应该为了美德而追求美德。穆勒认为美德只是实现幸福的一种手段。他说：

自我牺牲本身并非目的；如果有人告诉我们，自我牺牲的目的不是幸福，而是比幸福更好的美德，那么我就要问，如果英雄或烈士不相信自我牺牲会让别人免于类似的牺牲，他还会做出这样的自我牺牲吗？如果英雄或烈士认为舍弃自己的幸福不会对任何同胞产生任何有利的结果……他还会做出这样的自我牺牲吗？

穆勒承认，在这样一个不完美的世界，牺牲自己的幸福来增进他人的幸福是在人身上所能见到的最高美德。但是牺牲本身并不是善事。“一种牺牲如果没有增进或不会增进幸福的总量，那么就是浪费。它唯一赞成的自我牺牲，是为了他人的幸福或有利于他人幸福的某些手段而做出的牺牲。”

穆勒将幸福区分为主观幸福与客观幸福，前者是追求自我的快乐，而后者则是追求社会的福祉。构成功利主义行为对错标准的幸福不是行为者本人的（主观）幸福，而是所有相关人员的（客观）幸福。穆勒认为，“爱人如己”可谓功利主义伦理学的完美理想。

穆勒有一段看似悖论的话特别打动我，他说：

在这样不完善的世界上，能够自觉地过没有幸福的日子，才最有希望得到能够得到的幸福……因为，唯有这种自觉才能使人感到，无论多么恶劣的命运，都无力将自己击倒，从而使自己能够超然于人生命运之上。人一旦有了这种感受之后，就不会过分地焦虑生活中的灾祸，并且能够像罗马帝国最黑暗时期中的许多斯多葛派信徒一样，在宁静中培育出能让自己满足的源泉，既不关心这种宁静带来的满足会持续多久，也不关心这种满足会不可避免地终结。

穆勒认为追求美德和追求名利，本质都是为了幸福。但是美德不同于爱好钱权名利的地方在于，对于钱权名利的追逐，可以并且确实常常使得个人对其他社会成员造成损害。对美德的追求只会为社会成员带来福利。换言之，追名逐利会内卷内耗，但是追求美德不会。

既然美德可以促进全体人类的幸福，那么社会能否强迫他人追求美德来促进社会福祉呢？对此，穆勒会坚决地说不。对美德的追求有利于每一个人，但它只能出于自愿，而非强迫。这也是穆勒对边沁功利主义的另一个重大修正——用个人自由来防止功利主义可能出现的“多数的暴政”。

人可以出于高尚的道德自我牺牲，但没有人有资格强迫他人牺牲自我。道德只是自律，而不是他律，你可以做一个高尚的人，但是你不应该强迫他人选择高尚。

○ 正义需要感性的力量

穆勒认为正义是一种利益的权衡，只是正义负有一种特殊的情感，使其有别于利益。

在穆勒看来，“正义的情感原本是一种动物性的报复欲望，因一个人本人或他所同情的对象受到伤害或损害而欲求反击或报复，但后来由于人的博大的同情能力和明智的自我利益概念的作用，这种报复的欲望把自己的同情对象扩展到了所有的人”。正是这种感性的力量产生了权利的概念。

所谓权利，就是个人可以正当地要求社会保护他所拥有的东西。一旦有人侵犯了他的权利，那么社会就应该对这种伤害行为进行惩罚。因此，功利主义者在进行利益权衡时绝对不能忽视感性的力量，换言之，人性固有的道德感可以对利益权衡进行指引。“例如，为了救一个人的性命，偷窃和抢劫必需的食物和药品，或者劫持唯一能救命的医生并强迫他进行救治，也许不仅是可以允许的，甚至还是一种义务。”

因此，功利主义绝对不是冷血的逻辑机器，它必须尊重并捍卫人类天然的道德情感。利益法学的大师耶林之所以告别冰冷的概念法学，就是因为有时根据法律概念进行的逻辑推理，会得出非常荒谬的结论，这会严重刺激个体固有的法感。

耶林认为，法官不是机械适用法律的“涵摄工具”，法之泉源是人类的良知与实际的需求。在《为权利而斗争》一书中，耶林激动地说：主张权利不仅仅是为了捍卫自己的物质利益，更重要的是维护自己的道德存在和人格。

“任何目睹恣意侵犯权利的行为，而感到义愤填膺、道德愤怒的人们，都会具有权利的理念感……这种愤怒感，是对亵渎权利的具有道德性质的强有力反抗；是法感所产生的最美丽、最振奋人心的证言。”法感与道德生活密切相关，学术研究不能破坏民众有关健全法感的朴素思维，否则就是一种愚蠢和堕落。

我时常觉得自己不是一个称职的专业导师，专业建树乏善可陈。但我始终希望能够和同学们一起培育心中的绿洲，超越专业，思考更为宏大的问题，抵御人生未知的严酷。一如我在某本书的前言中所说的，“用良知驾驭我们之所学，而不因所学蒙蔽了良知”。

治愈穆勒的诗人华兹华斯有一名篇，题为《湖畔水仙花》。这里，我想把这首诗中的一句献给即将毕业的同学，愿他们一生幸福——

于是我心底满溢了幸福，似与水仙翩翩起舞。（And then my heart with pleasure fills, and dances with the daffodils.）

柏拉图丨什么是爱？怎么去爱？

余明锋

在读书这件事上，我是一个机缘论者。所谓机缘论者，就是把读书这件事情看作谈恋爱，需要合适的打开方式，需要在合适的时间和地点，以某种有一定偶然性的方式发生。

我想，真正的阅读是一种相遇，跟你和某个人的相遇很像。是你在一个下午，突然被一本书的封面吸引，打开之后就放不下，心里面不住地泛起波澜。这个时候你大呼一声："这本书不就是写给我看的吗？这写的不就是我吗？"你有了这样一种共鸣感、意外的相遇感，感觉作者就站在你的面前，在和你说话。这才是真正的阅读。在我们打开一本书的时候，我们感到自己一同被打开了。这是什么呢？这不就是相爱吗？

相爱就是"自己和对方一同打开"的经验，所有的偶然，这个时候好像都是必然。不知道大家有没有过这样的经验，即便没有，我想大家也都能够理解：在这样一种相遇中，所有的文字好像都在瞬间变得栩栩如生，哪怕自己还是有很多不明白的地方，但是没有关系，我们能感到一种奇异的魅力。我想，这样的相遇感是非常重要的。

言归正传，今天我给大家推荐一本书——《会饮》。推荐这本书，有两个最基本的原因：第一个原因，这本书是我近几年个人最喜欢的一本书，我非常想写一个系统的解读；另一个原因，当然更加重要，就是我认为这可能是本大家会比较有相遇感的书。这本书很薄，我想这也是一个优点，大家未必一开始就要从大部头入手，甚至一开始最好别从大部头入手。先把书读完整，装在心里面，这其实很重要。我揣测，这是大家最有可能会有相遇感的一本哲学著作。

《会饮》是一篇柏拉图的对话。柏拉图哲学以对话这样一种文学体裁展开。而《会饮》可以说是其中最生动、戏剧性最强的一篇，是包括尼采在内的许多哲学家最喜爱的柏拉图对话。《会饮》的文学性很强，有关于这个文本的文学构造，我们往后稍微谈一下。

首先，我们不妨从核心处开始谈。这本书有精妙的结构，由七篇颂词组成。前六篇赞颂爱欲，第七篇赞颂苏格拉底。我个人建议朋友们在初读的时候，首先要注意的是第四篇讲词，也就是最中心的那一篇，这一篇讲词的讲者是柏拉图笔下的阿里斯多芬。

阿里斯多芬的讲词包含了整本书，甚至是全部柏拉图对话中最为著名的一篇神话。这篇神话讲人的来源。我们一般把一个人看作一个完整的个体，但是这篇神话说：我们其实是不完整的。我们原先是一个球形，有四条腿四只手。后来被神惩罚，被劈成了两半，成了我们现在的样子——不再像圆球那样翻滚，而是直立行走的人，是一个个“半人”。我们这样的人存在一个根本的痛苦，就是不完整，所以我们终其一生都在寻找另一半。

我想大家都猜出来了，这个神话讲的就是爱情。这篇神话的要害是把爱欲（Eros）规定为人的本性。这个意义上的爱欲，是一种对整全性的追求。换言之，人有根本的匮乏，因此从根本上有着对整全性的欲求。阿里斯多芬的这篇讲词，事实上把爱欲规定为对整全性的欲求。

爱欲是《会饮》中的关键概念，它在《会饮》中有着极为广泛的含义：既包括两性之爱，也包括同性之爱；既包括身体之爱，也包括灵魂之爱；还包括个体之爱、集体之爱、荣誉之爱、超越性的善好之爱、真理之爱等。可以说几乎包括了一切可能的爱欲形式。

可是只有在阿里斯多芬这位喜剧诗人这里，关于爱欲的运用才牢牢地立于这个概念的狭义地基之上。这个狭义的地基，也就是我们往往难以启齿的性爱。只有喜剧诗人可以大方地在公开场合谈论这些，其他人无不有所顾忌、有所修饰。喜剧诗人的特点就在于他在搞笑的同时诉说严肃的事情，没有真正严肃的内核，也是无法构成喜剧的。因此，阿里斯多芬是严肃的思想家。历史上的阿里斯多芬是这样，柏拉图笔下的阿里斯多芬也是这样。他通过谈论性爱而谈论了最为严肃的生命问题，那就是人性中本然的缺乏。

阿里斯多芬的这个视角尤其重要。一方面，像前面说的，他牢牢地把对爱欲的谈论固定在它最基本、最自然的现象地基之上；另一方面，是因为他在爱欲现象中发现了严肃的生命问题。

这个意义上的爱离不开身体性，但也不只是身体性。它带着一种人格性的关切。我想，对此大家在生活中都有体验，真正爱情的发生，那个人得是你，不能是任何一个人；那个人得是我，也不能是其他任何一个人。这样的要求，是一种人格性、精神性的要求，并且在这种关切中满足着自身对整全性的需要。当我们在拥抱的时候，我们感受到一种整全性。这种整全性，在没有发生爱的时候，可能感觉不到；但是当爱发生以后我们会感到，只有另一个人在我身边，我才是完整的。如果另一个人不在场，他或她也会以不在场的方式在场。这就是恋人的思念。这种思念虽然痛苦但甜蜜，因为我们在其中既感到缺乏又感到完整。

但是在阿里斯多芬这里，这种对整全性的欲求也有问题：它仅仅局限于个体，需要找到自己的另一半才能够达到真正的完整性。于是这带来了情爱这种爱欲现象的一个根本缺陷：人海茫茫，我们通过这样的方式很难找到另一半。对整全性的追求在现实当中往往以伤害和遗憾而告终。

总之，这篇对话是谈论爱的。谈论不同的爱的形式，谈论爱的问题、爱的追求，及其根本的动力。除了一种爱欲形式，其他所有的爱欲形式都有内在的问题，就需要有一个爱的阶梯引领着爱往上升，达到最终、最高，也最透彻的爱。这在柏拉图看来，就是智慧之爱，是对真善美的爱。苏格拉底其人正是这种爱欲的化身。

我们接着来谈苏格拉底讲词。苏格拉底的讲词是第六篇，最后还有一篇讲词，是那个时代一个叫阿尔喀比亚德的青年，他是个帅气的将军，喝醉后闯进来赞颂苏格拉底。严格来讲，七篇讲词里有六篇是以爱欲为赞颂对象，第七篇赞颂的是既被爱又爱人的苏格拉底。

苏格拉底的讲词一方面是对阿里斯多芬的继承，因为他接续了人性之为整全欲求的话题，把爱欲的赞颂提升为一种人性分析，并且这种人性分析指出了人性的根本问题；可另一方面，他又对阿里斯多芬作出重要回应，大大拓展了爱欲的问题领域。不光个体性爱欲，家庭、政治、艺术、宗教和哲学也都在其中获得了自身的位置，都被解释为一种爱欲形式。

爱欲问题在苏格拉底这里得到了升华，转变成了一种以“自我超出”来自我完成的解脱之道。换句话来说，爱欲在苏格拉底这里，是一种自我超出的结构。这种自我超出并非自我的放弃，而是自我的成就。

这里我非常简单地讲了一下苏格拉底讲词的内核，这篇讲词非常复杂。最后我结合这本书的内容和我们的时代问题做四个方面的总结，这四个方面也就是我向大家推荐这本书的四个严肃的思想性理由。

第一点，这本书的主题是我们都能有所感受，但是又不太能说得清楚的东西，并且它看似泛滥，但在今天又是我们最为匮乏的经验。这就是爱欲的经验。我们不妨扪心自问，我们真的会爱吗？我们真的理解什么叫爱吗？爱和我们通常讲的喜欢区别在哪里？爱首先意味着自我的打开，如果还没有打开自我，没有出让自身的完整性，去和另一个人共享一种完整性，那么我们就还只是在喜欢。

喜欢和爱的区别在于，在喜欢当中，我们坚持自身的完整性、主体性，没有出让自身，它是一种主体性占有的姿态；而爱的姿态不一样，爱首先有一种被动性，它有一种被打开，然后在打开之后去接纳另一个人，去和另一个人共享一种完整性的经验。

我们的时代流行很多关于爱情的歌曲、故事、影片等，爱似乎大有泛滥之势，可是我们在另一方面却最缺少真正的爱欲的经验。为什么呢？因为我们不敢去冒险，我们太斤斤计较，计较于生活中点点滴滴的得失，投入无边的生存竞争，而失去了爱的能力。我想这是时代压在我们身上的生存竞争给我们造成的一个重大问题。看起来我们非常爱自己，但其实我们大大局限了自己，我们因为过于狭小的自我而不敢去爱，不敢冒险。可是如果从来没有开放的勇气，又哪里会有真正的生命之花呢？

第二点，我们当代人除了缺乏前面讲的爱欲的经验之外，恐怕还缺乏对于爱欲经验之丰富性的体验。有关于此，《会饮》也给人很大的启发。家、国、天下，其实都是我们的爱欲形式，在这种种爱欲当中，虽然我们在历险，但其实我们会获得简单的欲望满足所无法替代的一种至高的生命快感、至高的生命完成感。我们需要守护这些爱欲形式。

我们这个时代倾向于把不同的爱欲形式做一种化约或还原，化约成房产、名利，化约成多巴胺、内啡肽。这里面恐怕有着巨大的问题。面对这种流行的价值观，我们需要守护这些爱欲形式，看到它们的差异，看到它们自身的独立性，看到它们自身的意义。并且，我们可能还需要保留向更高一层的爱欲形式的开放性。

爱欲的上升其实是自我的扩大，因为爱欲把我们从狭隘的自我意识中解放出来，投入更为广大的世界关系中去。我们时代的问题恐怕是自我太狭小的问题，当然有各种社会原因在里面起作用，让我们活得如此狭小。但其实真正的自我，它需要被打开，需要自我超出，才能够自我实现。这个时候，我们才会有大无畏的精神和生动的人格，才不会停留于单纯功利的境界，才不是只重利益的小人。

当然，爱欲形式之间的关系是一个很麻烦的问题，爱欲的满足、爱欲的追求自身会带来问题。比如说，在情爱里面有爱与被爱的问题。这是我们都知道的，我爱的人不爱我，爱我的人我不爱，爱欲没有同时打开，或者没有在相同的程度上打开。每一种爱欲形式都有它自身的问题。

此外，爱欲形式之间还会有很麻烦的冲突。比如个体之爱与家国之爱到底是何关系？家国之爱是否就要占据优先性？家国之爱和天下之爱间又是什么关系？它们会不会有冲突的时刻？对此，我想大家在生活中都有观察。如果它们冲突了，我们又该怎么办？

无论如何，柏拉图笔下的苏格拉底以爱智慧为最高的爱。爱智慧，就是“哲学”这个词的原意。我们把它翻译成哲学，会带来一种误解，以为它是一个学科。其实在柏拉图笔下的苏格拉底那里，它就是一种生活方式，这种生活方式有一种特殊的爱欲形式，那就是爱智慧。这里我再讲一点个人体会，我并不认为苏格拉底的爱智慧是爱现成的最高之物，好像智慧是人类的爱欲阶梯当中的那个顶点，像一个现成的至高之物。我个人认为，爱智慧之所以最高，是因为爱智慧才让其他一切的爱欲得到纯化，并且各得其所。

第三点，爱欲是普遍的人性现象，但是在不同的文明当中，它是有不同的显现和构造的。比如在我们的文明当中，大家如果去想和“Eros”对应的中文词，我想不是“爱”，“爱”是一个非常现代的流行词语。在中文里，更能够对应的其实应该是“情”。“情”在我们的文化里面体现出了非常丰富的内涵，我们有各种形式的“情”。有关于此，大家可以去读读《红楼梦》，《红楼梦》在这个意义上和《会饮》有一种呼应，它在谈不同情的形式和情的痛苦。但即便如此，它没有绝情、无情，真正的超脱恰恰是通过最深的深情才达到的。

就《会饮》来说，大家可以通过这本书去看希腊人是怎么理解爱欲的，和我们有何不同，文化在这个意义上如何形成一种差异，但这种差异同时又在同一性当中。我想，这是我们时代的一个重要思想命题，就是如何展开文明的对话，如何理解文明的同一与差异。在这个意义上，对于爱欲这样一种最基本的人性现象的把握，就是一个非常好的入手点。

第四点原因，《会饮》不是一篇哲学论文，也不是一般意义上的哲学著作，它是一部生动的哲学戏剧。这对大家可能首先构成一种障碍，因为真正要理解这本书，我们需要去体会里面鲜活的人物，通过他的对话，他的发言，他谈的话题来揣摩这个人物到底是一个什么样的人。然后我们要去看里面的各种戏剧性的情节，各篇讲词如何形成一种呼应，苏格拉底的讲词又如何回应所有的讲词里面所包含的问题。

不过，这种一开始的障碍恐怕也是我推荐大家去读的另一个理由，因为有些书读一生也并不算太久。我想柏拉图的《会饮》就是这样一本书。

祝朋友们能够鼓起爱欲的翅膀，以出离自我来成就自身。

叔本华｜为读书而读书，既愚蠢又可鄙

余明锋

在生活当中，关于读书我们有一个普遍的看法，就是爱读书总归是好事情，往往是爱思想的表现。爱读书一般来说也都是被家长和身边的朋友们鼓励的。但是叔本华对这个问题有不同的看法，就像他在很多事情上有不同的看法一样。对于这些不同的看法，我们要认真地去看，这个时候也许会给我们自己一些启发。

首先，关于读书他有一个著名的基本看法。他说：在阅读的时候，我们的头脑成了别人思想的游戏场。因为在阅读的时候，我们是让别人代替我们进行思考，我们只是跟着别人来进行思考。这看起来还好，对吧？至少读书还谈不上有害。就好像我们在练字的时候，我们照着颜真卿的字不断地练、不断地描，字也不会写得太差。虽然可能还谈不上什么原创性，但它确实是练习书法的基础。

可叔本华这位哲学史上最“毒舌”的男人，当然还有更进一步的说法，不只是打刚才这样一个比方。他说：书本给我们很多概念。大家读书的时候都在和一些抽象的概念打交道，可是生活本身要基于直观。他由此得出一个结论：如果一名青少年脑子里被灌输了太多的概念、太多的理论，那么当他踏入社会的时候就很难适应，他会表现得非常古怪、笨拙、不合时宜。这是因为他满脑子抽象概念，和生活当中的具体事物无法对应上。倒是没怎么读过书的人，比较容易有健全的常识。这个第二点，跟第一点相比就深入了一步，读书太多，有时候就显得是有害的了。

还有第三点。叔本华还进而借机攻击自己最为鄙视的一类人：学究。所谓学究，就是读书读得太多，把自己给弄蠢的人。因为学究读书太多，所以他的头脑就像一块密密麻麻的黑板，上面写了很多字。当他的黑板上面密密麻麻写满的时候，他就没有空间去回味、重温，脑子就动不起来了。只有经过回味和重温，我们才能够吸收自己读过的东西。叔本华打了一个比方，他说正如食物并非咽下之后就能够为我们提供营养，只有经过消化之后，食物对我们来说才是有意义的，思想同样如此。

因此，叔本华说学者是很可怜的，他们的工作要求他们不断地写作、教学、海量地阅读，导致他们没有时间去消化，没有时间去真正地展开思想。这会使他们陷入一个很危险的境地，他们甚至会干脆丧失思考的能力。叔本华为此还做了一个极为形象，但也颇为出格的比方。他说学究们的头脑像不曾消化食物，就把食物重又排泄出去的肠胃，一切只是到它那里过了一下。正因为这样，他们所讲授和写出的东西没什么用处，没什么营养。我们生活中也会有这样的感受，学究的书好像当材料看看还可以，不会有什么真正的洞见，在阅读的时候也不会感到有什么趣味。叔本华说：这是因为未经消化的排泄物无法给他人以养分。

那什么样的东西才能真正地给我们营养呢？按照他打的比方来说，只有经过血液然后从里面分泌出来的奶汁，才可以给我们真正的养分。这是一个非常形象的比方。叔本华真的很有文学才华，他非常善于打比方。好的文字确实不是材料的堆积，而是有着切身的感受、体会，并且有风格的思想作品。文学或文字的艺术之于思想，并非无关紧要的外壳。

第四点，学者的问题还在于，他们不得不大量阅读。这就使得他们的头脑里面堆满了许多来源不同、风格不同的观点。前面说，学者大量阅读之后，他的头脑被塞满了；这里是在说，塞满的东西杂乱无章，都是些不同来源、不同风格的东西。前面说的是，他们没有时间消化；现在，叔本华进一步说，他们已经没有能力消化。因为来源太多，所以很难被统一为一种思想。就像我们画画的时候，如果画面上只有两三种颜色，那就比较容易协调。如果是五六种、七八种颜色呢？让画面不乱掉，就是一件很难的事情了。因为要素太多，很难形成统一。

有关这个问题，我在教学当中颇有体会。我感到，我们大学里哲学系的同学就会面临这样的危险。因为专业要求，他们不得不去往脑子里面塞很多自己还不甚了了的概念，因为每一个哲学家都有很多概念。除了抽象的概念之外，还得塞满各式各样的理论。

哲学史上有那么多的哲学家，好可怕！特别是在考研的同学，拼命往脑子里面塞很多东西，这就很危险。我一般会建议同学们，读书不要贪多求快。在有了大致的了解之后，对哲学史有整体的脉络性了解之后，就要从一个方面深入下去。深入下去之后触类旁通，再来整理整个的哲学史。这是一个循环往复的过程，需要很长的时间，需要经过几道的消化。

这大概就是叔本华关于读书的看法。叔本华这些话都说得非常漂亮、形象。他也试图去刺痛那些学究，刺痛他所鄙视的人。那我们该如何评价叔本华的观点呢？就像叔本华告诫我们不要简单地从别人那里搬东西，要消化一样，那我们就尝试对叔本华谈的这些观点做一个消化。

首先，叔本华并不是反对读书，这个我们要明确。他是反对食而不化，他反对的是贪婪地、机械地、照搬地读书。他说这样的读书不但无益，而且有害。那么讲到这里呢，我还要为学者说几句公道话。我的体会是，一个好的学者，一个真正的学者，其实他在讲课和写作的时候，包括他在阅读、做读书笔记的时候，恰恰是在做消化的工作。一个好的学者和一个普通读者的不同，往往就在于学者有消化的方法，他有更强的消化能力。

当然了，叔本华说的这种学究型的人是存在的。我们也不得不承认周围就有这样学究型的人，他讲课很无趣，他的研究也很无趣。生活中我想大家可能也都遇到过。因为学者必须懂很多、读很多，这就给消化能力带来了挑战。像尼采后来所说的那样，消化能力是要以强大的胃作为前提的。尼采很自豪地说：要读我的书，需要强大的胃。这是因为他说了很多怪话，行文跳跃性也很强，需要读者有非常强的消化能力。如果我们不断地往胃里面塞东西的话，哪怕这个胃本来是健康的，这么搞胃确实也会被败坏掉，肠胃功能也会紊乱。叔本华说，这就像弹簧不断地受到重压，压久了它就会失去弹性。

当然，人在年轻的时候，尤其是十几岁的时候，是记忆力最好的阶段，是需要记住很多东西的。而叔本华强调的是要消化。那么青少年朋友们，你们的消化时间恐怕也要拉长，比叔本华说的还要再拉长一些。也许你十来岁背的东西，你到二十岁的时候再去回味，会突然发现，鲁迅的《记念刘和珍君》，还有《阿 Q 正传》，写得真好。你会突然之间有一种顿悟，这就是消化的过程。我们也要消化叔本华的话，理解他的精神，而不是简单地照搬。

这是对叔本华一个引申性的看法。反过来，我们不得不说，现在的教育和学术因为有着过强、过于机械量化的考核体制，所以使得我们不得不“填鸭”，不断地往脑子里面塞东西，这确实给我们的思考能力带来了很大的威胁。这甚至是一种杀鸡取卵的办法。看起来大家很努力，很拼命，但其实可能丧失了真正重要的思考能力。叔本华说，我们不应该阅读太多，只有这样，我们的思想才不会习惯于替代品，我们才会有主动思想的意识。

因此，与其说叔本华反对读书，不如说他反对单纯地获取信息，贪婪地积累知识，特别是各种科普性知识，那些我们知其然，但未必知其所以然的知识。这确实是我们要特别当心的，因为更重要的在于自主思考能力和判断力的养成。

在这样一个信息爆炸的时代，叔本华关于读书的观点，其实能在人生态度上给我们一个重要的启发。接下来我分三点来谈。

第一点是，我们要学会说“我不知道”。或者，当别人夸夸其谈的时候，我们要会说“对不起，我还不了解，我现在可能也还没有时间去消化这样一些东西”。我以为在这个时代，它不仅是一种该有的谦卑，甚至可以说是一种智慧。如果不通过这样的一种否定性姿态，给自己建起一个防护栏，那么在今天，信息恐怕会像洪水一样把我们淹没，把我们击穿，让我们千疮百孔。因为这个时代的各种信息、大家可以通过各种渠道了解的各个学科的科普性知识实在是太多了，包括我的这篇文章，大家如果没有经过消化的话，它同样是这种性质的东西。

在叔本华的时代，他谈的还主要是如何面对书本的问题；在今天，我们更多面对的是各种短视频、朋友圈的推送、播客、科普类的读物，等等。它们都在争抢我们的注意力，都要占据我们的注意力。这是我们当下的一个处境，这个时候学会说“我不知道”“我还不了解”“我暂时在关注别的事情”，这就很重要。不要怕丢脸，这是一种智慧。只有给自己的生命留下空白，我们才能够整理它，才能够消化那些已然过量的信息。因为我们就活在一个信息爆炸的时代，所以我们身上不可避免地存有过量信息，我们需要消化它。

第二点呢，与此相应的，我们要成为自己生命的主人。可是如何才能够做到呢？我这里讲一个态度，就是把自己看作自身生命的艺术家。把我们大量的阅读、大量向我们涌过来的信息，视为生命的素材，那这个时候我们对于素材就会有一种艺术性的加工、创作，从而形成一个自成一体的、有自己风格的作品的生命意识。我想这个在今天是尤为重要的。

那么第三点，与此相应的，会带来一个问题，就是我们要对素材进行加工，我们就需要有一种洞见、一种主导性的思想，需要养成一种自己的风格。可是这里面好像陷入了一个“要会游泳得先下水，要下水就得会游泳”一样的怪圈。

这看起来很悖谬，但其实叔本华还谈了一个非常重要的思想，这个思想我认为在今天是尤其重要的。他问了一个问题：真正洞见性的思想是什么时候形成的呢？对此，他说了一段话：“如果外部环境的刺激与内在的心境以及个人的兴趣，巧妙和谐地联系起来，那么，关于某个问题的思想就必定会自然而然地产生出来；但是，恰恰是这种自然产生的思想似乎绝不会出现于这些人的头脑中。”（《论独思》）

大家注意，他谈了三个东西：第一，外部环境的刺激；第二，内在心境，这个思想和心境有关；第三，个人兴趣，一种强烈的好奇心。思想很多时候不是我们计划好的，而是需要这三方面要素的一个巧合、一个碰撞，然后这个时候会产生思想的火花。有的时候是非常偶然的“灵感”，在我们吃饭的时候，在我们熬夜看足球赛的时候，突然间，白天思考的一个百思不得其解的问题，就立马有了一个思路。

不知道大家有没有过这种感受，中学生需要写语文作文，大学生需要写各种论文，经常不知道该如何下笔。那么这个时候很重要的是酝酿、打腹稿，加上各种零星的考虑，然后突然一个外在的机缘和情绪有一个巧合的叠加，就有了一个奇思妙想。这是思想的一个非常有趣的形式。

叔本华认为那些单单依靠书本的书本哲学家，也就是学究们，是不会有这样的机会的。我想，他谈的是非常有道理的。我以为，这对于我们时代的人生态度有重要的启发。因为我们生活在一个大家都很忙碌、都很勤奋、都在互相卷的时代。在这样的一个时代，恰当的人生态度恐怕就是要给自己的生命留白。

留白是一个我们中国艺术作品创作中使用的术语，不妨借来谈论我们的生命态度。要给自己的生命留白，这不是懒惰，不是闲散，不是一种被动性的姿态，而是一种看似否定却更为主动的生命姿态。韩裔德国思想家韩炳哲说，我们生活在一个肯定性过量的时代，我们好像需要对所有东西说“yes”，给所有人点赞，每天给自己打鸡血。这就是肯定性的过量。在这样的一个时代，否定，能够说“不”、能够留白，恰恰是生命主权的显现。如此，我们才能够成为自己生命的主人。

在这个意义上，能够思想、会思想和拥有自身的生命主权，它是内在关联在一起的事情，所以我说：从读书的态度、思想的态度，可以谈生命的态度。生命主权在否定当中的显现，才是我们成为生命艺术家的契机，因为虚白之中，才能够酝酿、生发出那个支配整幅生命画卷的气韵。气韵同样是一个我们传统艺术的术语，我想在这个意义上，用艺术的语言来谈思想和生命问题是恰当的。

关于叔本华的读书思想、我们对他的理解和消化，以及他对我们当下的生活和人生态度的启发，我就谈到这里。

叔本华的这些思想，零零散散地分布在他谈论读书、谈论教育、谈论学者、批判学者的一些短论当中，收录在他最后出版的一本大书《附录与补遗》当中。大家如果看中文版的话，就会发现它们被收录在各式《叔本华思想短论》《叔本华散文集》里面。虽然颇为零散，但是我认为，这些思想综合来看对我们今天其实非常有启发。我之所以重视这些思想，是因为这些思想对后来的尼采是有重要影响的，在尼采那里会生发出一些重大的思想命题。

梭罗｜一年工作六周，我活得很好

费勇

《瓦尔登湖》是我经常翻阅的一本书。为什么呢？一是我在大学时候读到这本书，对我影响很大；二是翻阅这本书的过程，可以让自己有一个停顿，反省一下：现在的我，是不是真正在生活？因为我们忙着忙着，就会忘了生活本身，忙着忙着就把自己给丢了。

这本书的作者是美国作家亨利·戴维·梭罗，1837 年毕业于哈佛大学。当时美国已处于高度商业化的时代，形成了中产阶级，以及中产阶级的“成功人生”模式，要有稳定高薪的工作，要有家庭、房子等，节假日要去度假，追求所谓成功的生活。但梭罗提出了一个疑问：“人们赞美而认为成功的生活，只不过是生活中的这么一种。为什么我们要夸耀这一种而贬低别一种生活呢？”

梭罗认为：“有人给文明人的生活设计了一套制度，无疑是为了我们的好处，这套制度为了保存种族的生活，能使种族的生活更臻完美，却大大牺牲了个人的生活。可是我希望指出，为了得到这好处，我们目前作出何等样的牺牲，我还要建议，我们是可以不作出任何牺牲就得到很多好处的。”

显然，梭罗认为职业生活，以及社会主流的成功生活，其实是牺牲了个人生活的。他也认为人在追求财富的过程里失去了自己。“等到农夫得到了他的房屋，他并没有因此就更富，倒是更穷了，因为房屋占有了他。”生活成了一个沉重的负担。似乎这种情况在今天也普遍存在。

因此，他没有像他的同学那样，去大城市找高薪的工作，而是回到老家，做了中学老师。但他一直在探寻另一种生活的可能。这种探寻到 1845 年，成为一种实际的行动。那一年的 7 月 4 日，他决定来到瓦尔登湖畔，在那里展开一场实验。

目的是什么呢？

第一，他说：“我到林中去，因为我希望谨慎地生活，只面对生活的基本事实，看看我是否学得到生活要教育我的东西，免得到了临死的时候，才发现我根本就没有生活过。我不希望度过非生活的生活，生活是这样的可爱；我却也不愿意去修行过隐逸的生活，除非是万不得已。”

第二，他到瓦尔登湖畔的树林里，不是富裕之后的隐居，而是一个面临经济压力的普通人探索如何自食其力的途径。他想通过这个实验，证明养活自己不需要花费那么多时间。他说：在这之前，我仅仅依靠双手劳动，养活了我自己，已不止五年了。他发现，每年他只需工作六个星期，就足够支付他一切的开销了。

当然，这样做的前提是降低欲望。《瓦尔登湖》第一篇就是《简朴生活》，也有人翻译成《经济生活》，讲了人所需要的并不多，并详细地介绍了梭罗是如何通过简单的劳动养活自己的。这样，可以确保自己的个人自由。谋生不应该是一件苦差事，而应该是一种消遣。梭罗有一个重要的观念，就是不相信为了赚钱，人就必须做不喜欢的事，或违心的事。他坚信人可以在自己的兴趣和热爱之中解决谋生的问题。

梭罗在瓦尔登湖畔住了两年两个月零两天，1847 年 9 月 6 日离开。离开不久他就写了这本《瓦尔登湖》，记录了他两年里的生活情景，那里的风景、人物，还有日常的劳动。都是一些诗意的细节，同时夹杂着他对生活的思考。

我印象比较深的：第一，他对于大自然的赞美。“只要生活在大自然之间而还有五官的话，便不可能有很阴郁的忧虑……当我享受着四季的友爱时，我相信，任什么也不能使生活成为我沉重的负担。”

第二，他对于孤独的享受，他觉得社交往往很廉价。他说：“我爱孤独，我没有碰到比寂寞更好的同伴了。”

第三，他对于新闻信息非常警惕，甚至排斥。他认为我们热衷于看各种无聊的新闻是浪费时间。“拿我来说，我觉得有没有邮局都无所谓。我想，只有很少的重要消息是需要邮递的。我一生之中，确切地说，至多只收到过一两封信是值得花费那邮资的。”

第四，他对于平常生活的赞美，对于单纯的劳动的赞美。

当然，贯穿始终的，是对于当时美国主流社会的生活方式的反思，反思人如何不被工作奴役。他想要显现一种他自己的生活方式。但是，他又再三强调，他并不希望别人模仿他。“我却不愿意任何人由于任何原因，而采用我的生活方式，因为，也许他还没有学会我的这一种，说不定我已经找到了另外一种方式，我希望世界上的人，越不相同越好，但是我愿意每一个人都能谨慎地找出并坚持他自己的合适方式，而不要采用他父亲的，或母亲的，或邻居的方式。”

梭罗在书的最后一章，对自己的实验做了总结。有这么一段话：“至少我是从实验中了解这个的：一个人若能自信地向他梦想的方向行进，努力经营他所想望的生活，他是可以获得通常还意想不到的成功的。他将要越过一条看不见的界线，他将要把一些事物抛在后面；新的、更广大的、更自由的规律将要开始围绕着他，并且在他的内心里建立起来；或者旧有的规律将要扩大，并在更自由的意义里得到有利于他的新解释，他将要拿到许可证，生活在事物的更高级的秩序中。”

最后，我想提醒一点的是，梭罗并非一个逃避社会的人，恰恰相反，他对于当时的美国社会有自己的批判态度。他因为反对蓄奴制度，而拒绝交人头税，在监狱里待了一晚。他有一篇文章《论公民的不服从》，影响很大。梭罗一生都坚持一个道德原则：不向恶势力妥协，这除了是一种道德责任，也是在行善。

祝愿大家都能找到适合自己的生活方式。

韦伯丨人究竟为什么要工作？

郁喆隽

和大家聊聊德国的马克斯·韦伯在1904年写的一篇论文——《新教伦理与资本主义精神》。

大家肯定会问：我们为什么要读一本一个多世纪之前的德国人写的书？那么，我想先问大家四个灵魂问题：

第一个问题是，你为什么需要赚钱？肯定很多人会说：我赚钱是为了买我喜欢的东西、为了美食、为了孝敬父母，或者为了自我实现，等等。请每个人扪心自问，给自己一个正心诚意的回答。

第二个问题，请问"打工人"，你为什么需要一份工作？工作仅仅是为了赚钱吗？或者说，"职业"和"生计""打工"之间有什么根本的区别？

这两个问题和每个个体都直接相关，而后面的两个问题就和宏观历史、文化有关了。

第三个问题，为什么资本主义出现在近代欧洲，而不是世界上的其他地方？可能喜欢历史的小伙伴会对这个问题有自己的想法。

第四个问题更加抽象，也就是我们通常所说的物质文明（一些器物等）和精神文明（文化、制度、宗教、世界观等），这两者之间有什么内在的关联？

接下来我们就逐一回答这些问题。我想先把《新教伦理与资本主义精神》这本书的核心观点抛给大家，看看韦伯是怎么直接回答这四个问题的。

第一个问题，赚钱是为了什么？韦伯给出了一个简单的回答：赚钱是一种苦行，是带有宗教感的修行。

第二个问题，人为什么需要工作？在宗教改革之后的欧洲人看来，自己的职业是上帝赐予自己的“天职”（德语：Beruf；英语：calling）。它更多带有一种使命感，是一种自上而下的、更崇高的力量交付个人的使命。

第三个问题，韦伯认为职业精神也好，资本主义精神也好，都来自欧洲16世纪宗教改革之后的某些苦行教派。也就是说，恰恰是因为宗教中的一些神学观念和世界观，导致了近代资本主义的诞生，或者说腾飞。

第四个问题，韦伯认为在文化与经济、上层建筑和经济基础之间存在一个交互的双向关系。甚至很多时候，一个宗教的观念会影响经济制度本身的发展。

我们讲讲韦伯这个人和这本书。马克斯·韦伯生于1864年，死于1920年，他是一位非常著名的思想家。他不只在哲学和宗教领域影响深远，还和涂尔干、马克思并称为现代社会学的三个奠基人。当然，韦伯的影响力不仅仅在学术领域，他还是一位积极投身现实政治的时评家。可以说在韦伯身上具备了20世纪内在的精神压力、分裂，甚至有一些双重人格的特质。而《新教伦理与资本主义精神》是他最早在1904—1905年发表于学术期刊上的一篇论文，后来这篇论文就变成了单行本。

在韦伯身上有非常多的光环、光晕，甚至是迷雾。20世纪末国际社会学会做过一个评奖，由专业学者投票选出20世纪最伟大的思想著作。韦伯一个人就有两本书上榜，其中排第一位的是一本“砖头书”——《经济与社会》，像天书一样晦涩难懂。《新教伦理与资本主义精神》排名第四。

我们回到刚才提出的四个问题，看看韦伯是如何来进行论证的。因为对哲学来说，重要的不是结论，而是如何来证明自己的观点。

第一点，人为什么要赚钱？肯定很多人会说“我赚钱是为了花”，这是最常见的观点。但是韦伯却发现，在历史上出现过一些人，这些人和绝大多数“正常人”有点不一样，他们赚钱不是为了花，就是为了赚钱而赚钱。

韦伯举出一个美国人的例子，就是本杰明·富兰克林。可能很多人小时候写作文时都引用过一句名言：“时间就是金钱。”这句名言就来自富兰克林。一百美元大钞上也有富兰克林的头像。韦伯为什么会把富兰克林归到这种有点奇怪的人格类型里呢？

富兰克林这个人，很早就通过自己的努力白手起家，赚到了第一桶金，实现了“财富自由”。但是他有了钱之后，却不追求世俗的享乐，抗拒奢侈品消费；而是继续克勤克俭，努力赚更多的钱。赚到更多的钱之后，他就把钱投到一个新的研究领域、实业或投资中……

如果我们在现实中看到这样的人，会觉得他有一些不近人情，甚至可以说有一些“不正常”。但是韦伯觉得，这种人格恰恰代表了近代资本主义的精神，这是一个关键概念，就是本书标题中的“资本主义精神”。用学术的语言说，韦伯会认为这样的人是“把赚钱当作目的本身（德语：Selbstzweck；英语：self-purpose）”。而我们刚才说的赚钱是为了买吃的、买喝的、出去玩，则是把赚钱当作一种手段，这个手段服务于别的目的，比如说光宗耀祖、消费、旅游等。大家可以比较一下，在你一天或者一个月内做的所有事情当中，有多少事情是韦伯意义上的“目的”本身。

当然，为赚钱而赚钱，这看上去有一些不近人情，甚至有些匪夷所思。但是韦伯却认为这样一种精神，恰恰是使得近代西方资本主义，区别于历史上其他任何一种资本主义的心态、伦理，或者说心智的表现。因为他觉得在资本主义诞生之前存在很多商业发达的文明，包括印度、巴比伦、埃及，以及我们中国。我们的商业文明是非常发达的，但我们都存在这样一种心态，这种心态叫作“传统主义”。传统主义的核心是知足常乐，很多人并不认为钱越多越好，比如他赚到一亿元之后就想“躺平”，甚至会追求一些不良嗜好，很快他的财富就会出现大危机。

但是韦伯发现，在欧洲宗教改革之后，像本杰明·富兰克林这样的人物连续不断地出现，才会使财富在相对短的时间之内出现急剧增长，也促使了资本主义的发展。

那么韦伯就要问：这种所谓的资本主义精神、为赚钱而赚钱的心态是从哪里来的？这就要切入欧洲的历史脉络中讲，要对欧洲宗教改革之后的神学世界观、社会史进行分析。韦伯在他的书中着重分析的是宗教改革之后的一个新教教派，叫作加尔文宗，又翻译成卡尔文宗。这个教派有一些特殊的地方，它有两条核心的神学观点：一个叫作神恩蒙选，第二个叫作预定论。对那个时代的欧洲人来说，他们生命或者生活的首要问题就是救赎问题，“有没有获得上帝的拣选”，或者“死后能不能成为义人进入天堂”，等等。

但加尔文宗提出了一个非常有意思的神学观点：哪些人能获得救赎是由上帝决定的。这毫无疑问，但是上帝是什么时候决定的呢？加尔文宗认为在创世之前上帝就已经决定了。这听上去非常反逻辑、反直觉，甚至让人匪夷所思。但这种神学观点我们现在先不展开讲。

韦伯关注的是，一个人在接受了这种神学观点之后，他在日常生活中会有怎样的选择和表现。这个人可能会想，既然被拣选的身份自己推不掉，或者说在世界上做任何事情都没办法改变自己的命运，于是他会产生一种战战兢兢、如履薄冰、诚惶诚恐的心态。

举个很简单的例子，比如你是个加尔文宗的教徒，你的一个邻居是犹太人，另一个邻居是印度教教徒。而你邻居们的房子比你的好看，他们的小孩更体面、懂礼貌，他们的职业收入比你高。那会说明什么？说明上帝对你的拣选并没有在你的生活中、在世俗方面表现出来。

这对加尔文宗信徒会有一种反过来的心理压力。他会想如果要证明自己是被上帝拣选的人，那么就不能浪费神或任何超自然力量赐予自己的时间、天赋、机会。他会始终进入一种诚惶诚恐的自我考问状态。一旦他赚到了钱，他本来还想在河边喝喝啤酒、晒晒太阳；但他脑子里马上就会出现一个“上帝”，质问他怎么又偷懒了，于是他只得再次起身，想想今天还有什么事情可以做，不要浪费上帝给自己的条件和资源。

因此，对加尔文宗信徒来说，他在生活中的一言一行、一分一秒，都指向另一个更高的目标——荣耀上帝，或者说荣耀神。这种神学观点会催生出一种特殊的职业态度。韦伯也说“职业”这个词带有一种强烈的宗教感，并不是“打一份工赚一份工资”那么简单的意思。他用一个带有神学意味的英文词语来翻译——“calling”，在神学当中被翻译为“呼召”，或者“天召”。有一种更神圣、超越、超拔的意味，因此也被翻译为“天职”。也就是由一种超越个人的力量，神也好，大自然也好，赋予个人的一种使命感。

在这一点上，我觉得古今中外很多人身上都有这样一种使命感，我们小时候也背过“天将降大任于是人也”。现在很多人思考问题都是“我想要这个”“我想要干什么”“我想要达成自我实现”……但是很多伟大的人，比如本杰明·富兰克林、米开朗琪罗，还有中国历史上很多伟人，如孔子、王阳明等，他们始终觉得有一个更高的、超越于个人的神秘力量，把能力、机会和一种自强不息的力量赐予自己。

大家可以比较一下，我们现代人经常感到迷茫、无助、没有目标，原因可能恰恰在于我们失去了这种超越的使命感。我觉得对个人来说，能够找到自己在职业生涯中的使命感，是一个至关重要的挑战。

一言以蔽之，韦伯这个神学论证非常复杂。大家只要记住四个字就行："入世苦行"（德语：innerweltliche Askese）。大家知道，古今中外有很多宗教鼓励"出世苦行"，包括佛教、道教，鼓励我们在名山大川的各个寺庙当中修行。但恰恰是在16世纪宗教改革之后，欧洲有一些特殊教派鼓励人们进入滚滚红尘。他们认为入世并不是堕落、享乐，而是要把人在世界上的一言一行，尤其是职业，当作一种宗教苦行、修行。

这种心态非常特殊，所以韦伯通过这样一个论证，也回答了这个有意思的问题——为什么最早在近代西方出现了资本主义？因为有这样一种宗教心态作为核心支撑后，人们不仅在宗教生活中有一种宗教感，还在日常的衣食住行与教育中，处处体现出一种神圣感、超越感，所以最后变成了一整套生活方式。

用韦伯的术语来说，就是"世界的祛魅"。这个世界不再充满巫魅的神秘力量，而是说人需要通过理性力量把世界安排得井井有条，这是一种最伟大、最神秘、最超越的他律，最终指向的是人自己内心的信仰。也就是看似不相关的两个方面：一个好像是非理性的宗教；另一个是现代社会的各种规章制度，从经济到政治，再到我们生活的方方面面，都充满着“合理主义”，也翻译为“理性主义”。而宗教最终促使了这种理性主义的诞生。

韦伯最核心的论证讲到这里就可以了，希望大家能花时间去阅读文本。韦伯写完《新教伦理与资本主义精神》之后，在第一次世界大战期间他又写了一本大部头研究著作：《诸世界宗教的经济伦理》。他不满足于自己曾写的《新教伦理与资本主义精神》，开始做欧洲之外的案例研究。他第一个研究的就是中国，这本专著叫《儒教与道教》。这本书其实给整个亚洲，尤其是我们中国的学者和普通人造成了很大的冲击和启发。

在这本书中，韦伯提出了一个疑问：如果以理性主义为中心的近代资本主义，是受到了欧洲宗教改革之后的“入世苦行”宗教伦理的影响才在西方诞生的，那么在欧洲之外的其他地区和文明，有没有可能存在一种类似于新教伦理的伦理，它可能不是宗教的，而是人文的，却也推动了现代资本主义经济的制度发展？

对于这个发问，韦伯当然给出了自己的回答：没有。

这样一个发问方式，在二战之后引发了非常多华人学者去思考、回答这个问题。有些华人学者的一个核心观点就是，在中国历史上，包括整个东亚地区，儒家伦理曾经也起到了类似于新教伦理这种对经济的推动作用。儒家伦理的核心，就是要求人们有非常强的义务感，约束自身。这种文化注重的不是个体，而是社区和权威的领导。

在日本还有一个非常著名的学者，叫稻盛和夫，他尝试把佛家的思想和韦伯的问题结合起来，提出了一套独特的管理和商业想法。

所有这一切归结到一个有意思的问题——现代化究竟是什么？我们知道现代化肯定不完全是亦步亦趋的西方化，但是我们始终要问自己这个问题。未来五十年、一百年，我们的祖国、家乡将会是一个怎样的样态？我们需要有想象力去憧憬现代化。也就是说现代化不仅仅是个手段，它还是一个关于核心的未来愿景的挑战。

所有这些问题都可以回到韦伯这来探寻。我觉得这本书非常有意思，早在一百多年前，作为一个远离中国的德国人，他思考的是我们人类整体，思考的是人类面对现代化挑战的共有问题。

最后我想用两句话来总结一下。第一句就是韦伯在《新教伦理与资本主义精神》的结尾，讲述的对现代资本文明的批评："专家没有灵魂，享乐者没有良心。"我个人的解读是，我们每个人其实同时兼有这两种样态，我们在职业生涯中是专家，靠专业技能、知识来养家糊口；但是在下班之后，我们是一个消费者；在平时生活和家庭当中，我们可能就是一个享乐人。其实这有点像我们现代人的波粒二象性摇摆，在“专家没有灵魂”和“享乐者没有良心”的状态之间。可以说韦伯的这个判断是在一个世纪之前就向我们发出的一个振聋发聩的警告。他没有单纯地对资本主义进行赞美或者解释，他也感觉到了现代化、现代性里面包含着隐忧。

对于个人来说，我还非常喜欢韦伯在《以学术为业》中讲的另一句话：“无论什么事情，如果不能让人怀着热情去做，那么对于人来说，都是不值得做的事情。”这里就讲到了个体。韦伯虽然不是一个非常有宗教感的人，但我们在这个高度现代化、高度理性化的时代当中依然需要激情，要找到属于个人的使命，或者说是天命。

皮浪丨我们完全可以既不“躺平”，也不“鸡血”

徐英瑾

皮浪是古典怀疑论思想的代表。一般人或许未必觉得这是个显赫的名字，但怀疑论却是西方哲学的一个大流派，而要谈到怀疑论，就需要了解皮浪。

那么问题来了：很多人并不想系统学习西方哲学史，为何还需要了解皮浪？对于这个问题，我的解答如下：我们今天生活的时代，是一个充满诸多不确定性的时代。对于很多趋势性问题的判断，很多人都会看错。

比如，我在撰写这部分内容的时候，正值2022年的世界杯期间。在比赛开始前，谁能想到日本队会打败德国队呢？而日本队打败德国队以后，是不是就证明日本队是世界强队了呢？也未必啊，因为接下来日本队马上就被哥斯达黎加队打败了。资深球迷可能会发现，2022 年的世界杯有点邪门，冷门爆得有点多，让人在赛程中很难预测接下来会发生什么。足球是如此，我们的世界又何尝不是如此呢？这几年的世界是不是带给大家一种“坐过山车”的感觉，大事不断，让你目不暇接？

这种情况会导致怎样的心理变化呢？一种变化便是觉得自己“好渺小”“好弱”“什么事也看不清”……最后选择“躺平”。还有一种与之相反的想法：“我就赌我看好的变化趋向是对的！”并通过“打鸡血”的方式来给自己的行为提供勇气。不过，万一最后发现做了错误的选择，由此导致的伤害或许会更大。

很多人就在这种不动脑筋的“躺平”与不动脑筋的“打鸡血”之间选其一。但其实在这二者之间，还有一片非常广阔的灰色地带可供我们驰骋。在这个中间地带，有三个哲学流派的思想可以成为大家的向导，它们都是所谓的“希腊化时期”的哲学流派：一个是伊壁鸠鲁主义，一个是怀疑论（也就是皮浪主义），还有一个是斯多葛主义。

我在这里只谈斯多葛主义和皮浪主义。斯多葛主义是皮浪主义的对比项。斯多葛主义的基本想法就是，在大变动的时代，即使我们看不清未来，也至少能做好自己能做之事。其诀窍是在自己行动的半径范围之内行动，不要去关心行动半径之外的事情。此观点乍一听好像很有道理，但也不是没有问题——因为不是所有人在任何时候都能对自己的“行动半径”有清楚的预估。

比如，假设你是一个日本足球队的队员，那么，在日本队打败德国队之前，你是不是能预估到“打败德国队”是在本队行动半径之内的事情呢？恐怕很难吧。那么，在打败德国队之后，你又如何能预估到“打败哥斯达黎加队”这事情已经超出你的行动半径了呢？可见，预估行动半径这事，实在太难。

我们不妨使用这样的一个比喻：就算你预估自己的行动半径有三尺长，命运之神也可能会在你睡觉的时候突然将其拉长到四尺，或缩短到三寸。从这个角度看，斯多葛主义在现实生活中的可操作性恐怕是有问题的。

而我要向大家重点介绍的怀疑论思想，它的核心词便是“悬搁”或“悬置”，也就是“存而不论”。顺便说一句，此派思想非常深刻地影响了 20 世纪的哲学家胡塞尔，他也是每日“悬搁”不离口。

那么，皮浪主义者说的“悬搁”到底是什么意思？其实很简单：我在做某事的时候，我不能对此事的本质进行判断。换言之，我只能对此类判断采取一种冷漠的态度。比如，假设一个生活在三国时代的皮浪主义者被曹操征兵去打东吴，他是不会对这场战争的是非曲直作出任何判断的，因为他会觉得，任何此类判断的给出，都会超出我们个体的智力与知识的最大限度——你若站在曹操的立场上，肯定说这场战争是正义的；你若站在东吴的立场上，肯定会说这场战争是非正义的。因此，就不存在一种脱离一切视角的，关于战争本质的客观评价。尽管如此，皮浪主义者依然认为有些事情是不容否认的，即一些表面上的现象的存在——如曹操的确在征兵，而他的确被征兵了，等等。而我们在人生大潮中唯一能够做的，就是在现象的海洋中随波逐流，而不要去追问海底龙王的秘密。

有人或许会说，这种哲学听上去好像是一种不鼓励大家动脑子的“懒人包”哲学，其实并不是这样的。毋宁说，为了说服大家承认本质是不可认识的，皮浪主义提出了一套复杂的“思维体操”，以便帮助大家看到任何一个正题背后都有一个反题。值得注意的是，这套思维体操后来成了今日我们非常熟悉的黑格尔和马克思辩证法的源泉之一。

就先拿这套思维体操里关于感官问题的正反论题说事。按照常识的观点，感官所呈现的东西就揭示了事情的本质，所以要相信我们的感官。这就是所谓的“正题”。

而皮浪主义者则立即引导我们换一个角度想问题：其他动物也有它们的特殊感官，比如蝙蝠的活动主要靠听觉导航。因此，它们的听觉对它们的重要性就好比视觉对我们的重要性。那么，问题就来了（这个问题美国哲学家内格尔也问过）：你能不能设想，自己对于三维世界的感觉是建立在听觉上的，正如蝙蝠的听觉世界向其所呈现的那样？大概很难作出此类设想吧。但至少可以肯定的是，这定是一个与我们所熟悉的感官世界非常不同的感官世界。于是，皮浪主义者的哲学问题就冒出来了：蝙蝠听到的三维世界和人类看到的三维世界，哪个更真实？

这个问题似乎很难回答，也许蝙蝠觉得它们的三维世界更加真实吧，而且它们若能做哲学，它们也能建立起一套“听觉中心主义”的叙事结构，而这套叙事结构或许也能与我们人类的“视觉中心主义”的叙事结构看上去同样合理。按照皮浪主义者的观点，我们是无法在这两个叙事结构之间进行选择的。这就意味着，在某套感官系统是否能够抵达客观事实这个问题上，我们只好采取“悬置真理”的态度。

有人说，凡事都悬置真理，这样得出的结论是不是有点过于“丧”了？其实也未必如此。一方面，皮浪主义者针对“正题”所提出的消解性的“反题”，多少还是有支撑性理由的，而想出这个理由依然需要理智上的积极付出；另一方面，提出反题的思维过程未必没有积极意义，因为这能帮助我们从多方位去认识问题。等到思维的下一个阶段，保不齐我们就能提出一个“合题”来综合前面提到的正面意见和反面意见。而后世的黑格尔也是这么做的，所以说，怀疑主义是通向黑格尔辩证法的一条很重要的路径。

有人或许会说：那么，我们跳过怀疑主义，直接走向黑格尔辩证法的“合题”阶段岂不是更好吗？

但问题是饭总得一口一口吃。大家想想看，无论是斯多葛主义，还是皮浪式的怀疑主义，它们都是在希腊化时期成型的思想，而黑格尔则是德国古典哲学时期的代表人物，他们之间还隔着一个很长的思想发展期。思想的发展是需要时间来酝酿的，正如陈年的老酒才更醇厚。

这个道理也适用于人生。年轻人若在思想的某一个阶段陷入了一种怀疑主义的思想，我认为并不值得大惊小怪。表面上，怀疑主义是一种消极的人生态度，将自己仅仅视为历史大潮上的一叶浮萍——但这可不是什么普通的浮萍，而是一片会思想的浮萍。概而言之，皮浪式的怀疑主义对于各种主流论题的批判质疑精神，本身就代表着其理性的自由，而这种理性精神若善加引导，未必不能被引向更积极的结果。

不过，需要指出的是，这种凡事都喜欢倒过来想的思维习性，与目前网络上盛行的“杠精”现象并不是一回事。典型的“杠精”是为反对而反对，缺乏理由支撑，遑论像皮浪主义者那样，首先质疑自己的感官世界的可靠性。

那么，一个皮浪式的怀疑主义者的日常生活究竟又该是怎样的呢？我在这里就不举皮浪本人的例子了，因为相关的史料实在太匮乏了。我想谈一个离我们生活时代更近的皮浪主义者的事迹，此人即文艺复兴时期的法国大文豪蒙田，他也是著名的《随笔集》的作者。

蒙田当时所处的法国，正有两股宗教势力互相钩心斗角：其中一股宗教势力是传统的天主教派；另外一股则是胡格诺派（它实际上是加尔文宗的一个变种，因此属于广义的新教）。新教与旧教之间的矛盾已经发展到了全面内战的地步，这让普通百姓难以适从。

面对这种乱局，就有一个哲学层面上的问题冒了出来：从学理的角度上来看，旧教和新教的教义哪个更对呢？不过，站在皮浪主义者的角度看，这个问题是无法回答的，因为这超越了一般人的认知能力。

而作为皮浪主义者的蒙田本人也在这个问题上采取“和稀泥”的态度。然而，这并不意味着他对于任何问题都不置可否——至少在现象层面上，他反对打打杀杀，喜欢一团和气。很明显，假若当时陷入宗教仇杀的两派人士都立即换个脑筋，皈依皮浪主义的话，那么，基于各交战方自身之宗教执念的战争恐怕就会立即停止了吧！

很可惜，当时像蒙田这样的真皮浪主义者还真不算多，所以，这场战争竟然断断续续打了快一个世纪。不过，蒙田依然在他的能力范围内发挥他“和稀泥”的强项。也是出于对他此项能力的认可，波尔多市民曾经选他做过波尔多市市长；后来，蒙田又被出身于佛罗伦萨美第奇家族的法国老太后凯瑟琳派去参与不同教派之间的协调活动。蒙田的政绩不算卓著，但也不算太差。至少在他为官期间，的确熄灭了几次可能引发更多死亡的军事冲突火苗。总之，当时在他治理下的法国人民们还算相对有福。

蒙田的皮浪主义精神不但引导他在政治生活中维持脆弱的和平局面，也引导他在文学创作中使用“散文”这种尚属新鲜的新文体来直抒胸臆。基于蒙田悬置真理的哲学基调，他写《随笔集》时也并不试图去讨论那些非常艰深的形而上学问题，更不喜欢用套话、空话、大话去将生活细节强行拔高（正如我们在时下很多小品最后两分钟所看到的那样），而是带着云淡风轻的心情，去讨论人们日常的生活，描述贩夫走卒之日常的点点滴滴。

也正因为他细腻的描写与幽默的文笔，无论在其自己的时代还是在其身后，他的《随笔集》都获得了巨大的商业成功。而这一成功背后的更深的道理则是，无论是作者还是读者，在将“追求真理”这样的宏大目标从自己的肩头卸下之后，其灵魂才能以轻装上路的姿态，感受清晨的每一缕阳光所带来的温暖。因此，皮浪主义者的文字就是一种为思想减负的文字，一种治愈心灵的文字，并因此具有了穿透时空阻隔的巨大感染力。

讲完了蒙田的故事以后，大家或许就可以暂时“悬置”对怀疑主义自身的成见了吧。蒙田的经历告诉我们，即使我们放弃了对于任何宏大叙事合理性的追问，我们依然可以做一点自己喜欢且亦对周遭有益（或至少没坏处）的事情：劝架、劝和、养猫、写散文等。

在迷离的时代做一片会思想的浮萍，又有什么不好呢？

孔子｜既见君子，云胡不喜

罗翔

历史上伟大的思想家有很多，群星闪烁。我们大多时候都只是靠着人类伟大思想的残羹冷炙在生活。我们的所思所想、安身立命，都在依靠人类伟大先贤所塑造的思想。只是很多时候，我们都将其当成了标语和口号。

很多人都希望自己有独立的见解。在我看来，所谓的独立见解，就是尽可能多地了解那些深刻塑造了人类思想的伟大先贤。站在他们的肩膀上看得更远，也能让我们走出固有的偏见。

我很少固定偏好哪位思想家。对大部分思想家，我只是一个听说分子，谈不上知道，更谈不上研究。实事求是地说，我充其量只是一个仰慕者而已。

教育家孔子

一

孔子和柏拉图是同一个时代的人吗？

据考证，孔子生于公元前 551 年，死于公元前 479 年；柏拉图则生于公元前 427 年，也就是孔子去世五十多年后才出生。他俩都是伟大的思想家、教育家，都强调人要有理想、修身方能治国。他们的思想都深刻地影响并塑造了人类社会。顺带一提，孔子去世约十年后，柏拉图的老师苏格拉底诞生，孔子和苏格拉底勉强可以说是同一个时代的人。

估计很少有人能够记得住孔子时代鲁国的统治者是谁，也几乎没有人在乎苏格拉底、柏拉图时代雅典的统治者姓甚名谁，权力从来都不可能让人类发自内心地尊重。

我之所以今天想和大家聊一聊孔子，主要是孔子无论在职业、专业还是事业上都对我很有启发。孔子是人类历史上最伟大的教师之一，作为教师，我必须向孔子学习，他是我职业上的榜样。孔子当过鲁国的司寇，也就是当时鲁国最高的司法官员，听人告状是他的本职工作，所以在专业上，我也要向他学习。至于在事业上，孔子也是传播知识的，应该是春秋时期的知识区头部主播，影响了人类数千年，值得我去学习。我做的知识类视频，估计一周后就没有人看了，但是孔子的话，到今天依然有人背诵、研究。

孔子是万世师表、至圣先师，是最一流的教育家，他的教育思想无论在当时还是现在，都非常伟大。

我时常在想，孔子主张的“有教无类”“因材施教”，我们今天有多少老师能够做到。在孔子之前，平民子弟很难有受到高等教育的机会。孔子是伟大的教育平等主张者，在教育对象问题上，孔子明确提出了“有教无类”的思想，学生不分尊卑贵贱，不设民族和国别，只要有接受教育的心，都可以来学习。

据说孔子有三千弟子，其中出类拔萃者有七十二贤。孔子的很多学生都是穷孩子，像颜回就穷得叮当响。孔子还打破了当时的夷夏之分，他的学生中有楚国人，比如公孙龙，这是当时被中原人视为“蛮夷之邦”的学生。孔子甚至还想跑到九夷去教书。

孔子希望把学生培养为君子、有恒者，也就是持之以恒的人。他并不希望学生只是纯粹的工具人、技术人，这就叫“君子不器”。“形而上者谓之道，形而下者谓之器。”(《周易·系辞上》）这就是为什么在繁体字中“导师”的“导（導）”字，上面是个“道”字，下面是个“寸”字。知识本身是工具，而不是目的，求知的目的是寻道。离开了对形而上的道的追求，学习也就成为谋生谋食的工具，知识越多反而会让视野变得越来越小，越来越呆板与教条，天天拘泥于“茴”字有多少种写法，也就是人们常说的书呆子，忘记了学习的目的。

孔子非常强调对“仁”的学习，他希望每一个学生都能做一个堂堂正正的人。“仁”是孔子学说中的重要概念，应该是《论语》中出现频率最高的一个字。关于“仁”的含义，有各种解读。孔子的学生也经常问孔子什么是“仁”，孔子的回答也各有针对，但是这些回答都不是孔子关于“仁”的定义。有人认为，关于“仁”的定义，孔子在《论语·颜渊》中提到了：“樊迟问仁。子曰：‘爱人。’”

所以，仁和人有关，仁就是两个人——自己和别人。一方面是把自己当人看，修己；另一方面是把别人当人看，安人。尊重自己，尊重他人。无论时局多么艰难，君子都应该爱人如己。

孔子的很多学生都请教老师如何能够做到“仁”，孔子的回答不完全相同，这也体现了孔子重要的教育思想——“因材施教”。比如颜渊问仁，子曰：“克己复礼为仁。”然后，仲弓又问仁，子曰：“出门如见大宾，使民如承大祭。己所不欲，勿施于人。”司马牛问仁，子曰：“仁者，其言也讱。”（《论语·颜渊》）也就是说话要慎重，不要信口开河，管住自己的嘴。因为司马牛这个人性格多言且急躁，所以孔子就让他少说话。估计我问孔子何谓仁，孔子也会保持沉默，意思和对司马牛说得差不多：少说话，多做事。

孔子会根据不同学生的特点因人而异地培养他们做君子。对学生的共性要求是求道做君子，但是如何做君子，则因人而异。孔子的教导真是让同为教师的我感到汗颜，时常感觉自己在误人子弟，因为我很难有耐心做到因材施教。

在《史记·孔子世家》中，记载了孔子和学生们绝粮于陈蔡的故事。他们被暴徒围困，连着七天没有吃东西，生命岌岌可危。但是孔子依然在给学生们讲课。“绝粮。从者病，莫能兴。孔子讲诵弦歌不衰。”他试图告诉学生们，人在任何情况下都应该保持人的尊严，临危不惧，泰然若素。

子路脾气暴躁，气愤地问孔子：“君子亦有穷乎？”他想知道为什么好人会陷入如此困顿的境地。孔子回答说：“君子固穷，小人穷斯滥矣。”孔子的意思是，尽管每个人都可能遇到困境，但君子与小人的区别在于，君子即使在最糟糕的情况下，也会坚守自己为人处世的原则，不会像小人那样为了摆脱困境而不择手段。

孔子知道子路心里的抑郁，所以用《诗经》来反问子路：“《诗》云：‘匪兕匪虎，率彼旷野。’吾道非邪？吾何为于此？”我们不是犀牛，也不是老虎，却疲于奔命在空旷的原野。我们的学说难道有不对的地方吗？为什么我们会陷入如此困境？

就这一问题，子路、子贡和颜回的回答展现出三人不同的性格与志向，孔子对他们的劝告也从侧面展现了因材施教的教育理念。

子路的回答是："意者吾未仁邪？"他认为是自己没有达到高尚品德的标准，做得不够好，所以才陷入了这种境地。

然而，孔子告诉子路，如果好人总是得到好的回报，智者总是能够成功，就不会有伯夷、叔齐和比干的故事了。在遇到困境和挫折时，不要将所有责任归咎于自己，因为很多时候困境源于我们无法控制的外界因素。

子贡回答说："夫子之道至大也，故天下莫能容夫子。夫子盖少贬焉？"子贡认为孔子的学说过于理想化，因此没有一个国家能够接纳。他建议孔子适度降低标准。

孔子劝告子贡，每个职业都有自己的专业尊严，这种尊严比其他任何东西都更为重要。优秀的农夫擅长播种和耕耘，但并不能保证丰收；优秀的工匠精通工艺技巧，但并不能迎合所有人的需求；君子可以明辨自己的学说，但并不一定被世道所容。在各自的专业领域中，君子不能妥协、降低标准去讨好权贵或迎合大众。如果挫折导致你降低专业标准、迎合他人，那你的志向也太不远大了！

孔子对子路和子贡的回答是完全不同的，因为两个人的性格不同。子路是一个对自己要求非常严格的人，对自己很苛刻。说句题外话，这种人可能对别人也很苛刻，所以子路看到孔子居然和名声不好的美女南子见面，当场就批评老师。但是子贡不一样，他很聪明，认为为了让别人更好地接受自己，可以适当降低标准。孔子认为子路对自己过于严格，太过自责；但子贡却对自己过于放纵，没有原则。

最后是孔子最欣赏的学生颜回，他回答道："夫子之道至大，故天下莫能容。虽然，夫子推而行之，不容何病？不容，然后见君子！夫道之不修也，是吾丑也。夫道既已大修而不用，是有国者之丑也。不容何病？不容，然后见君子！"老师的学说至大，所以没有一个国家能够容纳老师。尽管不被采纳，老师依然坚持自己的学说，正能显现出君子本色！我们无法达到老师的标准，是我们的耻辱；而老师的学说没有被采用，是统治者的耻辱。

颜回的回答展现了他对理想的追求。如果我们追求的理想总是被社会给予鲜花和掌声，那可能并非真正的理想，而是对世界的迎合。那些贬低我们的人更能彰显理想的宝贵，那些排斥我们的人更能表明坚守的可贵。

"不容，然后见君子！"

这个回答真是让人热泪盈眶。

我相信当时孔子也一定是老泪纵横。孔子很高兴地嘉许颜回：有道理啊，颜家的孩子！如果你拥有许多财产，我就给你当管家。

大家羡慕颜回吗？这位孔子认证的“别人家的孩子”，你可以去看看他的生平，再问问你的内心，你真的想和颜回一样吗？

有教无类，因材施教，让学生做君子，而不是做学习机器。这是孔子伟大的教育思想，我也希望能够效法孔子，将更多的热情投身于教师这份职业。

法律人孔子

孔子除了是伟大的教育家，还当过鲁国最高司法官员，任司寇一职，他在法律专业上也有值得我学习的地方。

孔子说：“听讼，吾犹人也。必也使无讼乎。”（《论语·颜渊》）孔老夫子说自己听讼判案的能力和一般人没有太大区别，就是按照普通人的观念来断案，他的理想就是没有人打官司。这对我有一个重要提醒：法律思维还是要符合普通民众的常情、常感、常识。法律要讲理，孔子反对法家那种不讲理之法。

孔子的观点也让我反思法律与道德的关系。

中国古代有儒法之争，一般认为儒家强调以德治国，而法家强调以法治国。但是，这个说法可能并不完全恰当。正如维特根斯坦说：“我的语言的界限意谓我的世界的界限。”（《逻辑哲学论》）同理，我们语言的混乱也是我们世界的混乱。

中国古代的法家和现在我们讲的法治其实存在很大的区别。法家强调“霸业”，希望在短时间内取得立竿见影的效果。法律纯粹以利益为导向，严刑酷罚，赏功罚罪，对道德缺少敬畏。

商鞅认为，有六种东西最为可耻，且危害国家，是为六虱，对于这六种害虫要斩尽杀绝。大家觉得这六种害虫是什么呢？蟑螂、蚊子、臭虫、跳蚤、苍蝇、白蚁吗？商鞅认为，这六种害虫是礼乐、诗书、修善孝悌、诚信贞廉、仁义、非兵羞战。

法家的法是一种剥离道德色彩的律法，它不管老百姓是否真正认同法律，只强调服从听话，不听话就要受到惩罚。比如商鞅推行的分户令，要求解体家族：“民有二男以上不分异者，倍其赋。”（《史记·商君列传》）男子婚后必须与父母兄弟分开居住，形成小家。如果有谁违背这条律法，则需要承担一倍以上的赋税。

不管亲情伦理，不管民众愿不愿意，总之“大家”必须拆成“小家”，这样做的好处一方面是没有大家族的存在，小家无法对抗国家权威；另一方面国家也可以增加税收和兵力。

比较孔子和商鞅对于法律的立场，一个明显的不同之处在于，孔子认为道德是可以影响法律的，但是商鞅却认为道德绝对不能干涉法律。商鞅认为：“法已定矣，不以善言害法。”法度已经确定，君主就不应该用那些仁义道德的空谈来破坏法度。“以刑治，以赏战，求过不求善。”（《商君书·靳令》）用刑罚来治理国家，用奖赏激励民众去作战。

孔子自然完全不赞同商鞅的观点，他认为：“道之以政，齐之以刑，民免而无耻。道之以德，齐之以礼，有耻且格。”（《论语·为政》）用政令来治理百姓，用刑罚来整顿他们，老百姓只求能免于犯罪受惩罚，却没有廉耻之心；用道德引导百姓，用礼制去同化他们，百姓不仅会有羞耻之心，还会有归服之心。

司马迁在《史记·酷吏列传》开篇就引用了这段话，上等的统治者重视道德，让人发自内心地去尊重规则，按照规则办事；下等的统治者则用威胁和惩罚的手段。我认为每一个学习法律的同学都应该去读一读太史公的这篇文章。

司马迁认为法令制定得越是严厉，产生的盗贼就会越多。“法令滋章，盗贼多有。”越是重视法令，法令反而没有什么用，二律背反。

太史公说了这样一段很令人深思的话：“昔天下之网尝密矣，然奸伪萌起，其极也，上下相遁，至于不振。”回顾历史，司马迁说法家得势的那段日子，天下的法网是非常严密的，但是奸邪狡诈的事情还是层出不穷，这种情况发展到极致的时候，官吏和百姓会相互钻法律的空子，结果令国家到了一蹶不振的地步。

想想看，人们每天都可能犯法，那么每天都会想着如何来钻法律的漏洞，这样就要出台更多的法律来防止漏洞。法律和民众玩起了猫捉老鼠的游戏，猫想捉住老鼠，老鼠戏弄猫，于是需要更多的猫，相应地也弄出更多的老鼠。

人们每天醒过来思考的第一件事情，也许就是今天如何能够不犯法，如何能够骗过这个无所不在、随时可能触碰的法律。因此，那个时候的官也不太好当。“当是之时，吏治若救火扬沸，非武健严酷，恶能胜其任而愉快乎！言道德者，溺其职矣。”在这种时候，官吏管理政事就好比抱着柴火去救火、泼洒沸水来阻止沸腾一样无济于事，如果不用强健有力的严酷手段，则无法胜任职责，更不可能身心愉快。如果有官员想谈一谈道德，就会被视为没有尽职。在这种法网严密、无所不包的情况下，所有官吏都会本能地忘记道德，只讲法令。

因此，在这个时候，如果有人居然讲孔子说的“听讼，吾犹人也，必也使无讼乎”，那是会被同行笑掉大牙的，“下士闻道大笑之”(《史记·酷吏列传》)。

那么，法律和道德到底是什么样的关系呢?

不讲道德的法律，只把民众当作威吓的对象，法律从而成为纯粹的工具，民众没有丝毫的人格和尊严，法律人迟早也会成为刀笔吏，甚至成为酷吏。但只讲道德的法律，其实也很虚弱无力，太过理想而不现实。因此，后世的封建统治者采取了儒法合流的办法，内法外儒，用儒家的理想主义来掩盖法家残酷的现实主义。

严格来说，法家认为人性本恶的观点有合理之处。孔子没有讨论人性本善还是人性本恶的问题，他只是说人的本性是差不多的，至于后天的习性则差距会比较大。“性相近也，习相远也。”（《论语·阳货》）认为人性本恶的观点，是儒家的后来者荀子提出来的。

荀子当时打破“儒家不入秦”的惯例，率领弟子深入虎狼之国。向秦国的最高统治者秦昭襄王论说儒家的“王者之道”，试图改变秦国的“霸道”国策。荀子对昭襄王说：“秦国如果一直推行霸道而缺少儒家王道，崇尚武力而缺乏仁义，则会走向灭亡。力术止，义术行。依靠强力的办法，行不通；合乎道义的办法，行得通。”但是，秦昭襄王已经沉浸于霸道所带来的短期兴奋之中，完全听不进荀子的话。

但是，认为人性本恶的观点要一以贯之。一方面对于普通民众，底线的道德需要用法律维护，人不会自愿高尚，如果底线道德没有惩罚作为后盾，那么高尚的道德就更加摇摇欲坠；但另一方面，对于规则制定者，他们的内心也有幽暗的成分。不要把对执法机关的光芒投射到具体的执法人员身上，对于他们的权力也要进行限制，这样在逻辑上才自洽。

这就是法治和法家的一个主要区别。法治认为一方面刑法要惩罚犯罪，维护底线道德；另一方面，刑法又要限制权力本身，防止他们成为社会秩序的破坏力量。

孔子关于道德引导法律的观念是值得所有法律人倾听的。只不过要注意区分积极道德主义和消极道德主义。

积极道德主义是以道德作为定罪量刑的依据，即入罪的标准。这个肯定是不合适的，道德主要是一种自律，而不是他律。法律只是对人最低的道德标准，不能强行用法律的力量来推行高标准的仁义道德。而且道德标准有模糊的成分，以此来作为入罪标准，很容易导致罪刑擅断、选择性执法。董仲舒搞的“春秋决狱”，孔老夫子估计也不赞同。

“春秋决狱”又称“引经决狱”，是指遇到义理伦常而法律没有明文规定，或虽有明文规定却有碍纲常的疑难案件时，则引用儒家经典所载的古老判例或某项司法原则对案件作出判决。汉武帝时期的廷尉张汤就是“春秋决狱”的高手，但他是著名的酷吏，经手的冤假错案不计其数。章太炎对此的批评是：“汉儒者往往喜舍法律明文而援经诛心以为断。”

对于仅仅违反伦理道德的行为，我个人有限的见解认为孔子也不一定认为这种行为是犯罪。因为孔子非常强调宽恕。用法律的手段来强迫他人行善，可能孔子也不赞同。孔子就对曾子说，自己所讲的道德有一个核心的思想就是忠恕。孔子说：“吾道一以贯之。”曾子说：“夫子之道，忠恕而已矣。”（《论语·里仁》）

《论语》里面有一段话重复了两次，这很罕见，应该是孔子非常看重的美德："己所不欲，勿施于人。"所以不要强人所难，你自己想做一个好人，非常好，但是不要强迫别人。你做错了事情，希望能够得到他人的原谅，不希望他人把你一棍子搞臭、社会性死亡，那么别人做错了事情，你是不是也要有一颗宽恕的心呢？

至于消极道德主义，就是以道德作为处罪的依据，这可能是孔子所嘉许的，其实也是符合现代法治精神的。这就是我常常说的：法律作为入罪的基础，但伦理作为出罪的依据。

"叶公好龙"的主人公叶公就曾经请教孔子一个案件，说有一个很正直的人，姑且叫作张三。张三的父亲偷了别人的羊，张三大义灭亲，就去做证人说父亲确实偷了羊。孔子回答："吾党之直者异于是，父为子隐，子为父隐，直在其中矣。"（《论语·子路》）父亲为儿子隐瞒，儿子为父亲隐瞒。而真正的正直就该是这样的。

"大义灭亲"和"亲亲相隐"，哪个更合适呢？柏拉图写的《欧悌甫戎》也提到了相似的故事：苏格拉底在法院门口碰见了前来状告自己父亲的欧悌甫戎。欧悌甫戎声称自己要来控告自己的父亲，因为自己是一个虔诚的人。他家里的奴隶杀了另一个奴隶，他的父亲就把这个奴隶绑起来，扔在沟里不管了，只派人去问庙祝如何处置。结果奴隶又冻又饿，死了。欧悌甫戎认为父亲杀人是不虔诚的，自己控告父亲杀人是出于虔诚，而家里人认为儿子控告父亲是不虔诚的。苏格拉底从这里开始提问什么叫作虔诚。

孔子“亲亲相隐”的观点被董仲舒引用：张三没有儿子，把路边的一个弃儿李四抱回家，抚养成人。李四长大后杀了人，回来把事情告诉了张三。张三为了使李四免受处罚，就把他藏匿起来。按照汉朝法律的规定，对张三应以匿奸罪论处，判以重刑。但是董仲舒认为，按照《春秋》的精神，父子应该互相容隐，所谓“父为子隐，子为父隐，直在其中矣”。张三虽然不是李四的生父，但从小抚养其长大，两人的关系形同亲生父子，所以张三不应受处罚。

“《春秋》之治狱，论心定罪。志善而违于法者免，志恶而合于法者诛。”（《盐铁论》）对于前半部分，也就是善行即便不符合法律规定，也应该免责，这种消极道德主义我是赞同的。

但是，这里有一个问题，如果以消极道德主义作为出罪的依据，也可能会导致司法的混乱，给司法官员开了给人出罪的方便之门，是否会导致腐败呢？在历史上，“春秋决狱”就经常出现这种在司法实践中的滥用问题，官员们可以借口道德败坏而杀害无辜，也可以用动机善良为由来保护犯罪，这就无可避免地会造成司法的混乱。

可见，积极道德主义肯定是不合适的，法无明文规定不为罪，法无明文规定不处罚，罪刑法定是底线。但是对消极道德主义，道德作为出罪的依据，司法权则需要受到民众的监督，这就是陪审员或陪审团制度存在的意义。有兴趣的同学可以看看《十二怒汉》和《坡道上的家》，前者说的是普通法系的陪审团制度，后者说的是大陆法系的陪审团制度。

孔子说："听讼，吾犹人也。"法律问题没有那么复杂，如果经过法定程序筛选出来的普通民众都认为他符合道德规定，在道德上属于善举，那就不应该以犯罪论处。毕竟刑法只是对人最低的道德要求。法律只需要保障底线道德，仁义靠的是道德自律，但是法律要鼓励道德，不能让有仁心善举的人寒心。

总之，我读《论语》，给我专业上最大的体会就是法律是要讲道德的，这个道德既包括天道，也包括人道，而不能是纯粹的霸道。

我们通常说，最伟大的法律写在人们的心中，其实就是这个意思。如果法律失去了道德规则指引，那么它也就成为纯粹的威吓工具。法律要维护底线的道德，同时道德又可以让法律变得温暖。

思想家孔子

-

我们之前讲了孔子在职业和专业上对我的启发，这些只是一己之见，不代表任何权威意见。知识的"知"就是"矢"和

“口”的组合，专心听取他人口中的言语。我读《论语》，也只是希望从孔老夫子的只言片语中获得智慧，以一颗矢志不渝追求真理的心，让知识转化为知道。

孔子是伟大的教师，也从事过法律职业，同时孔子也是伟大的知识传播者，是人类历史上最伟大的知识区主播。

也许我可以觍着脸说：我和孔子都从事着相同的事业，都是在传播知识，当然孔子传播的大多是原创，我传播的只是伟大思想的只言片语。这篇略谈孔子的文章如果能够让更多的人去阅读孔子，去读《论语》，作为知识殿堂的小门童，我就心满意足了。

如果把普及法律知识作为个人的事业，那么从孔子的教导中，我对于事业最大的体会就是“尽人事，听天命”。世界是我们的修道院，凡事尽力而为，结果并不可控。不怨天，不尤人。我们应向孔子学习，在任何环境中都能临危不惧、泰然若素。

人的事业，首先是要有敬畏之心，其中最重要的是对天命的敬畏。“君子有三畏：畏天命，畏大人，畏圣人之言。小人不知天命而不畏也。”（《论语·季氏》）小人是无知者无畏。敬畏让人恐惧，但恐惧不一定令人敬畏。人只有知道什么是我们真正该敬畏的力量，才能超越日常的恐惧之心，有勇气生活在这个充满苦难的世界，人的内心才能生发出一种“知其不可而为之”的力量，“三军可夺帅也，匹夫不可夺志也”（《论语·子罕》）。

孔子说自己“五十而知天命”，在那个时代，人过了五十岁就应该颐养天年了。孔子却决定在五十五岁时离开鲁国周游列国，积极推广自己的学说。日本学者井上靖解读“五十而知天命”，认为它可以归结于两点：第一点，孔子认为自己的所作所为是上天赋予的使命；第二点，既然是上天赋予的使命，无论遇到多么大的阻力，都必须竭尽全力，至于结果，只能交托上天裁夺。我觉得很有道理。

有一次学生来请教孔子问题，孔子实在不想说话了，大概对这个世界很失望吧。

子曰：“予欲无言。”

子贡曰：“子如不言，则小子何述焉？”

子曰：“天何言哉？四时行焉，百物生焉，天何言哉？”（《论语·阳货》）

对于孔子的无言，子贡说：“您若不传言，弟子们还能叙述什么呢？”孔子却说：“上天传言了吗？它却使得四季运行，百物生长，上天传言了吗？”这句话对我个人是很好的提醒：很多时候，我总是说得多、想得多，但做得很少很少。尊重天道，就是要少说多做。

孔子周游列国十四年，最终以失败告终。孔子在各国都遭到冷遇，他很难改变这个世界，而这个世界也无法改变孔子。

有一次在郑国，孔子和弟子走散，在城门旁发呆。子贡问郑国人孔子在何处。郑国人说东门边有个老头，上半身看起来像个圣人，但是下半身却像一只丧家之犬。子贡听了这个人的话，在东门外果真找到了孔子。子贡就把刚才的事情告诉了孔子。孔子听了之后不仅不生气，还哈哈大笑，自嘲说确实像丧家之犬！孔子平静地接受了自己被权贵拒绝的命运。

很多朋友看过周星驰的《大话西游》，结尾有一句话："他好像一条狗啊。"说主角的背影好像一条狗。据说这是周星驰做龙套演员时一个导演对他的评价，他又以此自嘲。不知道电影这一幕是不是也出自孔子的典故。

孔子当时想到北方的大国晋国去，结果走到黄河正准备渡河的时候听说晋国发生内乱，两名贤良的大夫被杀。孔子不得不中断晋国之旅，他临河而叹说："美哉水！洋洋乎！丘之不济此，命也夫！"（《史记·孔子世家》）黄河如此壮美浩荡，但我却无法渡河，这就是命运的安排吧。

孔子后来在陈国的都城逗留了三年，想拜会中原霸主楚昭王。楚昭王对孔子也很感兴趣，有过重用的想法。但后来楚国的令尹子西踩了刹车，他对楚昭王讲："孔丘是个能人，他手下的弟子也都是一等一的高手，但重用他可能并非楚国之福。”于是楚昭王变得动摇，孔子却还是把经国济世的希望放在楚昭王身上。万事俱备，只欠东风。结果东风没了，楚昭王薨了。

孔子只能打道回府，结束十四年的列国之游。孔子说：“归与！归与！吾党之小子狂简，斐然成章，不知所以裁之。”（《论语·公冶长》）回去吧！回去吧！我家乡的年轻人有志气，却行为粗疏，文章写得好，却不知道节制。

井上靖非常崇拜孔子，关于“知天命”，他在《孔子》一书中写道：“其一是领悟到上天赋予自身的差遣，再就是悟及此项事功既然置于上天严谨的天道运行之中，遂也无法期望事事顺利，随时都会遭遇意想不到的种种困难。合此两种领悟，应该就是知天命之意吧。”

因此，无论从事多么正义美好的事业，也无人能够把持明日的生死，出乎意料的苦难随时都会阻挡到面前。福祸吉凶的降临，与一个人是否从事正当的伟业，似乎没有多大的关联。将自身投入上天宏大的意志之中，成败由天，只管专心一志地跋涉在自身所崇奉信守的道路上。就像孔子说的“道之将行也与，命也；道之将废也与，命也”（《论语·宪问》）。

《论语》的最后一句话也在讨论天命。孔子曰：“不知命，无以为君子也；不知礼，无以立也；不知言，无以知人也。”（《论语·尧曰》）

要做君子，就必须敬畏天命，这样才能知礼知人。

人的事业，其次要有仁爱之心。对于法律人而言，尤其如此。法律要追求公平和正义，这就表明法律本身不是公平和正义。法律人永远要有对天道的追求，而不能只妥协于现实。还是那句老话，我们画不出完美的圆，完美的圆不在洞穴中的经验世界，但是可以朝着理念上的、超验的、洞穴之外的圆前进。

法律更要有对人道的追求，在孔子看来人道就是仁道，之前我们讲过，“仁”的字义就是两个人，你和我，拿自己当人，也拿别人当人。尊重自己，尊重他人。自尊自爱，然后爱人如己。

这里的人不是抽象的人，而是具体的人。孔子之所以厌恶法家的霸王之道，一个重要原因就在于法家不关心具体的人。他们只关心霸业，不关心人道。但所有伟大的事业归结起来，不就是应该为具体的人谋幸福吗？

孔子和四个学生讨论过个人志向，他们分别是子路、冉有、公西华和曾皙。

子路的志向是：“一个拥有一千辆兵车的中等诸侯国，它夹在几个大国之间，外有军队来攻打，内又有饥荒。如果让我治理这个国家，等到三年后，就可以使人有保卫国家的勇气，还懂得合乎礼义的行事准则。”

冉有志向稍微小点："我想去治理一个纵横几十里的国家，等到三年后，就可以使老百姓富足起来。至于礼乐教化，我的能力是不够的，那就得等待君子来推行了。"

公西华则更谦虚，回答是："我不敢说我能胜任，但愿意在这方面学习。做宗庙祭祀的工作，或者是诸侯会盟及朝见天子的时候，我愿意穿着礼服，戴着礼帽，做一个司仪。"

但是曾晳的回答却令人耳目一新。他本来在弹琴，准确地说是弹瑟，然后他放下乐器，说自己和三位师兄都不太相同。曾晳说自己的志向是："莫春者，春服既成，冠者五六人，童子六七人，浴乎沂，风乎舞雩，咏而归。"（《论语·先进》）暮春时节，春天的衣服已经穿定了，和五六个成年人，六七名少年，在河水里沐浴后，跳跳舞、吹吹风，唱着歌回来。

大家觉得，孔子最赞同谁的志向呢？

子路说的是强兵，不挨打；冉有说的是富国，不挨饿；公西华谈的则是礼节文明；但曾晳却小到了具体的人的幸福与享受。

孔子居然最赞同曾晳。有学者解读：和平、富裕与文明都很重要，但是三者最终还是要落实到具体的个人幸福层面上来。

大家很熟悉"博物馆着火，该救画还是救猫"的故事，《论语》里也有类似的例子：鲁国国君的马棚着火，孔子首先问的是"伤人乎？"而不问马，人高于一切的财产。

孔子的后辈孟子也说：“民为贵，社稷次之，君为轻。”（《孟子·尽心下》）

五代十国有个著名的宰相叫作冯道，他在五个王朝里都担任宰相，所谓五朝八姓十一君的宰相，估计这个世界纪录没有人能够打破。欧阳修认为冯道没有节操，但是明末思想家李卓吾用孟子那段话为冯道辩护，认为臣子的第一要义是使人民安养。半个世纪中五个王朝交替，通过不换旧宰相，只换新皇帝，避免了生灵涂炭。

历史上，辽国占领河南，耶律德光要开展一次大屠杀，冯道和他有过非常著名的一段对话。耶律德光问：“天下百姓，如何可救？”冯道答道：“此时的百姓，佛祖再世也救不得，只有皇帝您救得了。”耶律德光因此放下了屠刀。冯道一句话拯救了无数百姓。后人有骂冯道奴颜婢膝，万世罪人的，但也有人认为冯道忍辱负重，不负苍生。

大家如何评价冯道？孔子又会如何看待冯道？

我始终认为，作为法律人，一定要把具体的人放在心中。孔老夫子有一段话很扎我的心，而且在《论语》中说了两遍：“己所不欲，勿施于人。”但是，还有一段消极的教导，孔子也说过两遍，那就是“巧言令色，鲜矣仁”（《论语·学而》《论语·阳货》）。

作为一个好说好辩的人，我个人由此得到的提醒是，法律人除了文字和修辞，更要关注法律背后的精神和目的。如果不去追求真理，口才好、说话好听不一定是好事。作为法律工作者，我们非常强调口头表达和文字表述，但是如果口才和文采没有对天道和人道这些法律精神的追求，那么很可能只是一种巧言令色。

汉文帝时的最高司法大臣廷尉张释之，就提醒文帝要警惕那些只会说漂亮话的人。秦朝的覆灭在很大程度上就是任用这些过分讲究文句言辞的刀笔吏，这些人没有原则与品德，不关注具体的人，只关注言辞和文书上的事情。张释之提醒文帝，如果每个人对法令的概念仅仅停留在文辞方面，而忘记了法所针对的每一个活生生的人，如果官吏只看到了法律条文却没有人的味道，那是非常可怕的一件事情。

今天，我们很多法律专业的同学学了很多法律概念，可以创造各种新颖的词语，掌握很多种学说，可以用各种理论把黑的说成白的、死的说成活的、无罪的说成有罪的。这种无视法律精神的口才和文采，也许就是孔子说的巧言令色吧。作为法律人，我把孔子两次的提醒当作对我的终身教导：不要违背良知、巧舌如簧；不要只讲法律的技巧，而不讲法律的精神；君子不器。

法学院有各种辩论赛，但辩论的目的不在于切磋技巧，不是搞成相对主义的狡辩，而在于追逐真理，辩论的目的不在于辩与论，而在于“辨正”，通过双方观点的交锋来探究正道。

法律人一定要有仁爱之心，要把具体的人放在自己心中，我们办的每一个案子，都不是单纯的辩论竞争、逻辑游戏、智力竞赛，而是别人的一生。

最后，任何一项事业，都要有自知之明，要认识自己的有限性。孔子说：“知之为知之，不知为不知，是知也。”（《论语·为政》）我们总是喜欢不懂装懂，正像我还班门弄斧地略谈孔子。

苏格拉底也说，承认自己的无知乃是开启智慧的大门。只是要认识自己的无知，其实是需要很多知识的。

我个人的读后感是，《论语》并没有为圣人讳，它列出了很多人对孔子的批评。比如各路隐士接舆、长沮、桀溺、荷蓧丈人等。正是有这些批评，我觉得孔子才更加鲜活。

孔子并不是圣人，只是后来的学生把他树为圣人。孔子肯定不会自以为是圣人。他把人分为圣人、仁人、善人、君子、小人等。孔子说：“若圣与仁，则吾岂敢？抑为之不厌，诲人不倦，则可谓云尔已矣。”（《论语·述而》）如果说到圣和仁，那我怎么敢当！不过是朝着圣与仁的方向去努力做而不厌倦，教导别人不知疲倦。

孔子说自己不是圣人，也不是仁人，只是希望朝他们学习罢了。孔子还说：“圣人，吾不得而见之矣；得见君子者，斯可矣。”子曰：“善人，吾不得而见之矣，得见有恒者，斯可矣。”（《论语·述而》）孔子认为很难找到他观念中的圣人和善人，能够见到君子和有恒心者就很不错了。孔子也说：“吾未见好德如好色者也。”（《论语·子罕》）

在《论语》的最后一章，孔子摘录了《尚书》的几句话，提到了圣人尧、舜、商汤，还有周代的善人。他们共同的特点是“罪己”，都承认自己有过错。即便圣人、善人也是有错的，也是要意识到自己的有限性的。人非圣贤，孰能无过？即便圣贤，也并非白璧无瑕。

人必须意识到自己的有限性，因为有限，所以我们需要去学习，需要去听取批评，我们是残缺不齐的圆，但是我们可以朝着完美的圆前进。如果问我自己的定位，我肯定属于小人，但是做小人又不甘心，做君子又太难。也许可以做一个想做君子的小人吧。

太史公对孔子的评价：“《诗》有之：‘高山仰止，景行行止。’虽不能至，然心乡往之。”（《史记·孔子世家》）能够学习孔子的美德，学着去做君子，也许就足够了。

既见君子，云胡不喜。

王阳明丨所有伟大的思想，都是为了人民福祉

方志远

一说到陆王心学，我们就要说到宋明理学。而且梁启超先生说过，中国从秦汉以来有四个学术思潮：

第一个是两汉的经学，不但把中国的经学推到一个新的高峰，还产生了四大名家——贾逵、马融、许慎和郑玄。

第二个是隋唐的佛学。我第一次看到这个的时候大吃一惊，佛学居然是隋唐时期最主要的学术思想，还成为梁启超所说的中国四大学术思潮之一。在隋唐时期，不管反佛、灭佛，还是信佛，都避免不了受佛教的影响，避免不了和佛学打交道。

韩愈就曾经写过一篇非常著名的文章，叫作《谏佛骨表》，导致他被贬到潮州。虽然他是反佛学的，但也逃脱不了和佛学

的正面讨论，摆脱不了佛学的影响，当年的佛学就是这么厉害。这也促进了中国历史上儒、佛、道三教的合流，所有的儒学者都得去关注佛学，所有的佛学者也都得去读儒家的经典。

有人问我，陆九渊、王阳明是不是受禅宗的影响？我说不受影响是不可能的，因为禅宗本身就是中国化的宗教，本身就受儒学的影响，它们相互影响。儒学影响佛学，所以有了禅宗，这就是佛学中国化；禅宗影响儒学，才有了陆王心学。

第三个学术思潮就是宋明理学。我们对宋明理学的理解实际上出了两个偏差。第一个偏差是以为宋代就只有理学。实际上不是这样的，宋代就是一个宋学，此后才出现了理学。北京大学邓广铭教授就明确提出，宋学概念在程朱崛起之前，哪叫什么理学？它有关学、濂学、洛学、闽学，洛学和闽学后来形成了理学。当然你也可以说张载的关学也是理学开端，但是邓广铭老师说它应该属于宋学。

理学真正成为显学，是在南宋中期，而且是在朱熹去世以后。那时宋朝就把朱熹的学说称之为“伪学”，四十年后才平反。有趣的是，王阳明去世之后，朝廷把他的学说称之为“邪说”，也是四十年后才平反。可见越是大人物，他盖棺定论的时间可能越长，越可能会出现反复。

第二个偏差就是我们一说到宋明理学，就知道程朱理学，忽略了后面还有陆王心学。实际上是程朱理学和陆王心学共同构成了宋明理学。因为到了明朝，朱学已经被王阳明打得一塌糊涂了。

第四个学术思潮是清代朴学，就是我们说的考据学。

我想谈谈第三大学术思潮的一个方面——陆王心学。陆王心学我们过去说得不多，原因是什么呢？我们给它贴了一个标签，叫主观唯心主义。如果你认为“理”是你的心，你就是唯心主义者；如果认为“理”是一种气，你就是唯物主义者。也就是说，把“理”看成客观存在，就是唯物主义者；把“理”看成主观能动，就是唯心主义者。通过这个界定，我们就把朱熹、程颐、陆九渊、王阳明这些人归为唯心主义。

但唯心主义内部又不一样，我们把朱熹、程颐归为客观的唯心主义。朱熹最著名的观点是“格物致知”，是从“物”上面去求“知”，所以他是客观唯心主义者。但是陆九渊和王阳明不一样，他们认为“理”就在我心中，心外是无物的，心外是无理的。因此他们是主观唯心主义者。

我们学历史和思想史的，都知道王阳明和花的故事。王阳明晚年在绍兴，有一天讲完学，带学生出去游历。古人上课不只在教室里，还要去游学，一群人边散步，边看路边的风景，边讨论学问。有一个学生指着对面山头的花说：“先生，对面山头的花开得这样鲜艳，与我心何干？跟我的心一点关系都没有。”

这说明王阳明讲课刚刚讲过“心外无物”——你的心之外没有其他东西。王阳明还要“狡辩”，他说：“你来看此花时，此花的颜色一时鲜艳起来；你不看此花时，此花和你的心一道清明。这就叫‘心外无物’。”

我有一段时间给大学生上课的时候，就和教材一样，狠狠批判主观唯心主义者，说主观唯心主义者就是这样不顾客观事实的。你看这花明明在这里，他还非要说你来看花的时候，花的颜色才鲜艳起来；你不看花的时候，花的颜色和你的心一样没有了。这不是不顾客观事实吗？

一直到20世纪90年代，我被一家书商邀请写《王阳明传》。读《王阳明全集》时我才陡然发现，人家讨论的问题，和我们讨论的问题不是一个层面的问题。王阳明讨论的问题是心和物的关系。古人不是说“物我两忘”“物我两存”吗？物就是心，心就是物，他讨论人、物相互之间的关系；而我们讨论的是这个东西是不是客观存在。我们说的是形而下，王阳明讨论的是形而上。

于是我就想起另外一个好玩的故事。我们编《灾荒通史》，大家要互相审读，结果发现每个朝代，都有学者说该朝代自然灾害比以往都要多。我突然发现问题出在哪里了。我就和我的学生说，我们《明代卷》绝对不能说这种话，应该做另外一种解读。大家想想什么是自然灾害。自然灾害是客观存在还是主观认知？我认为它是客观存在，但它也是主观认知。当客观存在对我们发生影响时，我们才把它称为自然灾害，否则它就是自然现象。比如说海洋下沉、山体上升，这就是一种自然现象。我们不能叫它自然灾害，它跟人类完全没有关系，因为那个时候没有人类。只有自然现象危害到人类生存的时候，我们才把它叫作自然灾害。

为什么唐代的自然灾害比以前多？因为唐代的人很多，人类的生存空间也更大了，所以人们感受到的自然灾害变多了；明代人口更多，达到一亿五千万，而且生存空间更大，所以我们感受到的自然灾害就更多了；到清代就更是如此，清代国土面积有一千三百多万平方千米，就能感受到比明代更多的自然灾害。而且越是晚近，保存的材料、留下的记载越多。

同样的，王阳明谈花在还是不在，是花和心的对应：你认知这个花的时候花就存在，你不去认知这个花，它就不存在。

实际上还有一个王阳明和花的故事，发生在江西。这就要提到王阳明一个很了不起的学生薛侃。他是广东人，生于一个大家族。他投奔王阳明做学生的时候把自家的子弟统统带来，所以一整个家族的“俊秀子弟”都跟着王阳明。他们家族在当地有些实力，所以后来王阳明的《传习录》就是他出钱印刷的。

王阳明去世时，他儿子的年纪还很小，受到了家族其他势力的威胁。又是薛侃和另外一个学生成立了“治丧委员会”，来保护王阳明留下的遗孀和幼子。因此，薛侃在王阳明的一生中，是个占有很重要位置的人。而且他把王学带到广东，成为岭南王学的开创者。

讲回花的故事，有一天薛侃在和王阳明一起锄花间草，突然冒出一句话说：“天地间何善难培、恶难去？”为什么天地之间，善良的东西那么难培育，邪恶的东西这么难铲除呢？

王阳明顺口说了一句：“未培未去耳。”培育善没有培育到极致，铲除恶也没有铲除到极致。我们铲过河草的人都有体会，你得用手抠才能够把河边草的根抠出来，不然是除不了的。

但是王阳明也没有想到薛侃会提这个问题，他要做一番思考，思考后回答：“此等看善恶，皆从躯壳起念，便会错。”你这样看善恶，都是从你的好恶出发，就会错。

薛侃不理解。王阳明说：“天地生意，花草一般，何曾有善恶之分？子欲观花，则以花为善，以草为恶；如欲用草时，复以草为善矣。此等善恶皆由汝心好恶所生，故知是错。”（《传习录》）

这就是教我们如何客观地看待社会。我记得2001年我在北京学习时，有一天下午我们去除草，有一个甘肃的同学就觉得很心疼。他说：这个草在我们甘肃很珍贵，我们种好久都种不活，你们却要铲掉。我后来写了一篇文章，标题叫作《学术研究的“问题意识”与“非问题意识”》，这段话对我启发很大。我也不停地和学生说：你们写论文的时候要和原始材料对话，要和古人对话，尽可能避免受当代人研究的影响。不要把当代人提出的问题当作问题去讨论，也许过了若干天这个就不是问题了，要从材料里去提炼问题。

我们以前经常犯错误，我们不知道古人是怎么做学问的。我们的古人做学问是说出来的，很多学者是述而不作的，只说不写。孔子的《论语》就是口述出来的，而不是写作出来的。他们就没有对自己的某个认知去专门写学术论文，他今天讨论这个问题，明天讨论那个问题，因时、因事而异。我们读《论语》，可以发现孔子矛盾百出，也漏洞百出。这就说明人家不是准备给后人看的。

当学生要给王阳明编《传习录》的时候，王阳明是反对的。他说：把《传习录》印成书，大家就会把它当成经典、圭臬，但是这些东西都是我因时因事而说出来的，在这个地方管用，在另外一个地方未必管用。后来，王阳明也拗不过学生，当然他也觉得自己的学说不仅需要口耳相传，还是需要经过文字去传播的，所以才有了《传习录》。

我们读《传习录》会发现，王阳明所有的观点，要不就是跟学生讲出来，要不就是给朋友写信说出来，然后进行讨论的。这就是中国古代的思想家和西方古代的思想家不一样的地方。好处是机锋时现、处处闪烁出智慧；缺点是论点不集中、不易深入，且时时矛盾，于是就产生出无数的解读。如一部《春秋》，就有经、传、注、疏等。

再说回到陆王心学，这里我谈自己的感受：王阳明的学说继承了陆九渊的学说，但是，他一开始产生的想法是在对朱学的批判中发生的，而不是在对陆学的学习中发生的。什么叫作先破后立？是他对程颐、朱熹的学说，从小有一种本能的抗拒。我这个人做学问也好，评价人也好，非常强调天赋，就是看你的领悟力到底怎么样。有些事是不需要学的，是与生俱来的，自然地就知道对还是错。

大家都知道王阳明格竹子的故事。王阳明少年时，他祖父把他带到北京去，放到他父亲身边去教育。他父亲就要他读朱熹学说，要格物致知。然后他就对着自己家里种的竹子琢磨。据说格了七天七夜，也想不出什么名堂，最后自己累得吐血，还带着自己的朋友一起去格。从此他就觉得朱熹的学说对自己没用。这是一种说法。

第二种说法是说他在二十二岁的时候参加浙江省乡试，中了举人。第二年要去考进士，结果落榜了。他觉得自己基础还不扎实，要认认真真读书，把朱熹、程颐的书全部读掉。于是他有一个学术阶段叫作遍读考亭之书，“考亭之书”就是朱熹的书。读完他重新去格竹，结果发现毫无收获。

我在我的《王阳明：心学的力量》和《千古一人王阳明》中都谈到了这个事情。我批评王阳明说不是朱熹学说的问题，而是王阳明根本就接受不了朱熹学说。因为朱熹教导人读书要按部就班地读，比如读《四书》，就要先读《大学》，要先学好怎么做人，然后再读《中庸》，接着是《论语》，最后是《孟子》，要一步一步来读。但是王阳明的性格绝对不是朱熹的性格，他接受不了这样的约束，他是跳跃式的。

中国人读书有两种读法，一种是学者的读法，就是按部就班、循序渐进地读。要把书背后的意思读出来，这个学问才做得好，这是做学问家的读书方法。还有一种读法，是浏览式地、走马观花地读书，读书不求甚解。这种读法是政治家的读法，甚至可以说是思想家的读法。这种读法容易产生奇思妙想，也容易质疑前辈的学说。

王阳明就是后一种读法，所以他对朱熹学说产生了质疑。王阳明从小就立志要当圣贤，如果按照朱熹的读法，他一辈子都钻到书堆里去了，就干不成事，当不成圣贤。于是他就盯着朱熹，专门挑朱熹的毛病。王阳明的心学首先不是继承陆学，而是批评朱学，然后在批判的过程中才发现陆九渊的学说符合自己的性情，这也是一个师承的规律。

陆王心学是由陆九渊开创的，其学说是继承孟子的。韩愈这样评价孟子在儒学传播中的地位："孔子之道，大而能博。门弟子不能遍观而尽识也，故学焉而皆得其性之所近。其后离散，分处诸侯之国，又各以其所能授弟子，原远而末益分……孟轲师子思，子思之学盖出曾子。自孔子没，群弟子莫不有书，独孟轲氏之传得其宗……故求观圣人之道者，必自孟子始。"（《送王埙秀才序》）

孔子的学说宏观且广博，他的弟子们不可能做到把孔子的学说完全接受。弟子们能记住、收获的孔子思想，都是自己感兴趣且喜欢的，所以每个学生学到的都不一样。后来等大家都分开到各个国家去了，各自把自己擅长的教给学生，但离源头已经越来越远，弟子传得越来越多。只有孟轲，就是孟子，他得到了子思的真传，而子思之学出于曾子，曾子学到了孔子的真谛，也就是核心思想，所以他们是正脉相承。但曾子和子思都没有著书，我们想要了解孔子的核心思想，就只能从《孟子》中去找。

宋代大儒杨时说孟子的贡献："《孟子》一部书，只是要正人心……大学之修身、齐家、治国、平天下，其本只是正心诚意而已，心得其正，然后知性之善。孟子遇人便道性善。"（《龟山集·语录三》）诸位注意，这就是孔子学说的核心。

我们说一件事情要拿得起、放得下，心要放得开。千变万化，只从心上来。这就有一个出发点：人性。我经常和朋友、学生交流：我们如何看人性，就看你对利益是如何处置的。第一，己所不欲，勿施于人；第二，仁者爱人，以己心去看人心。实际上，孟子所说的“性善”，并不是认为人之初性本善，而是他用性善激励人们向善。孟子遇人道性善，是营造一个性善的世界。

那么孟子说到“正心诚意”，他的“正心”用四端来表现：“人皆有不忍人之心。先王有不忍人之心，斯有不忍人之政矣。”人都有看不得别人落难、生活困苦的这种心，这叫怜悯之心。先王有这种不忍人之心，所以他们才有不忍人之政，就是不让民众受苦的政策。“以不忍人之心，行不忍人之政，治天下可运之掌上。”（《孟子·公孙丑上》）我再加一句“尽仁义之心”。

大家都知道一个著名故事，秦孝公要去搞改革，因为当时秦国落后总被邻国欺负，所以他要富国强兵，就要招揽天下英才。于是商鞅就从魏国来到了秦国。司马迁用文学家的笔触写了商鞅三见秦孝公。

商鞅买通秦孝公身边的宦官，见了秦孝公，不知道秦孝公需要什么，然后和他说“帝道”，就是三皇五帝时管理国家的办法。秦孝公边听边打瞌睡，没有听进去。商鞅只好出去对宦官说：“我跟他讲帝道，他竟然不听。你再给我一次机会，我争取说动他。”

过了五天，商鞅去和秦孝公说“王道”，夏商周三代的王道。这回秦孝公比上一次有点精神了，但还是昏昏欲睡。商鞅又出去对宦官说：“你再给我一次机会，第三次我就能搞定他。”

又过了几天，商鞅再去见秦孝公，又跟他谈“霸道”。谈齐桓公、晋文公，特别是谈楚国的称霸，谈魏文侯的称霸。这下秦孝公有精神了，就让商鞅组织变法，令出法随、杀伐果断。

可见，为什么孟子得不到重视？因为孟子所处的时代就是争霸时代。他到楚国，楚王也接见了他，但楚王觉得孟子是个书呆子，一天到晚地谈仁义。仁义无法让楚国在当时称霸立足，在当时，发展国家力量、让自己强大更重要。

“谓人皆有不忍人之心者，今人乍见孺子将入于井，皆有怵惕恻隐之心，非所以内交于孺子之父母也，非所以要誉于乡党朋友也，非恶其声而然也。”看到小孩子在井边玩，掉进井里了，人人都会生出恻隐之心。并不是跟这个小孩子的父母是好朋友，也不是说要让乡邻朋友知道自己舍己救人、见义勇为，只是一种自然而然的、与生俱来的恻隐之心。“无恻隐之心，非人也；无羞恶之心，非人也；无辞让之心，非人也；无是非之心，非人也。”（《孟子·公孙丑上》）这就是孟子所说的“四端”。

这四端支撑着孟子所说的“正心”，所以有四个心：第一是恻隐之心，看到别人有困难，我们力所能及地去帮助他；第二是羞恶之心，也就是耻辱之心，我们做了坏事、有了不好的念头，就要为自己这种行为和想法感到耻辱；第三是辞让之心，面对利益我们应该持有什么态度；第四是是非之心，后来王阳明提到“致良知”，“良知”二字就被归纳为“是非”。难道对与错心中真的不知道吗？很多时候，我们明明知道，就是不做。

孟子说：“恻隐之心，仁之端也；羞恶之心，义之端也；辞让之心，礼之端也；是非之心，智之端也。”

说到“礼”，我要做一个说明。我们往往误解古人所说的礼，以为这就是一种礼仪，实际上礼是一种秩序、制度。尊卑秩序、长幼秩序、君臣秩序、夫妻秩序、父子秩序，秩序被打乱，国将不国。孔子说，到了春秋以后礼崩乐坏。“礼乐”也是这样，礼是秩序，乐是承载秩序的一种仪式。

“人之有是四端也，犹其有四体也。有是四端而自谓不能者，自贼者也。”你说自己做不到正心，你就把自己的格局降低了。“谓其君不能者，贼其君者也。”（《孟子·公孙丑上》）比如你在朝廷做官，你就要教导君主有恻隐之心、羞恶之心、辞让之心、是非之心。你说君主他做不到，你不和君主说，那你就是陷君主于不义。

陆九渊正是从孟子的四端、正心而提出“心即理”。陆九渊说：“孟子曰：心之官则思，思则得之，不思则不得也。又曰：存乎人者，岂无仁义之心哉？”每个人的心里都有仁义之心，君子之所以和小人不一样，是因为君子存在四端之心，而小人无此四端之心。“非独贤者有是心也，人皆有之，贤者能勿丧耳。”每个人都有初心，关键在于是否跟着初心去办事。我们有时候骂人，说丧尽天良，就是骂他丢失了四心。“又曰：人之所以异于禽兽者几希？庶民去之，君子存之。”我们都是动物，很多禽兽喜欢的，我们人也喜欢。禽兽害怕的，我们人也害怕。那我们和禽兽不一样的地方，就是禽兽没有四端之心。没有四端之心的人，就和禽兽没什么两样。

从孟子，到韩非子，到杨时，再到陆九渊，都在谈一个“心”字。“去之者，去此心也。故曰：此之谓失其本心。存之者，存此心也，故曰：大人者不失其赤子之心。四端者，即此心也，天之所以与我者，即此心也。人皆有是心，心皆具是理，心即理也。故曰：理义之悦我心，犹刍豢之悦我口。”（《陆九渊集·与李宰》）这就叫“人同此心，心同此理”。我们归结这一点是什么？就是“正心诚意”，这个心，就是我的心，我的心就是天地人。

什么叫作“心即理”？人心和天理是通的，也就是说我们每个人的心和大家公认的社会价值是一致的，人类共同价值就是我们心的价值。人同此心，心同此理。

人类的价值和我们心的价值是相通的，所以心外无物，心外无理。他说的“物”和“理”，不是客观存在的物质。我也不断同我的朋友和学生说，当你要参与一个讨论的时候，你先要搞清楚定义是什么，这是一种科学态度。

大家很难理解陆九渊提出的“心即理”。“心”就是我的价值观，那“理”是什么呢？陆九渊提出的“理”是由四端而来，非物理之理，而是伦理之理、天理之理，是人类共有的伦理观、道德观和世界观。所谓“心即理”，指的是人人心中皆有此伦理观、道德观和世界观，有公认的天理。陆九渊把孟子所说的四端归之于一个“理”字，而王阳明把它归之为两个字，叫“良知”。它们是一脉相承的。从“四端之心”到“心即理”，再到“良知”。

现在很多朋友说王学有三大要点：第一“心即理”，第二“致良知”，第三“知行合一”。这里有两个对的，一个错的。“心即理”不是王阳明提出的概念，这是陆九渊提出的，也是心学的基础。

王阳明对陆九渊及其学说也是非常推崇的。他说：“象山之学，简易直截，孟子之后一人。其学问思辩、致知格物之说，虽亦未免沿袭之累，然其大本大原，断非余子所及也。”（《阳明先生文集·与席元山》）那不是其他人可以比得上的。

王阳明有两个学生很有趣，一个是陆九渊的粉丝，一个是朱熹的粉丝，他们二人有争论，争论到王阳明这里来了。王阳明就写信说：“朱熹人人都说好，你再说他好没什么用。陆九渊倒是有些人误解了，但他说的话是对的。”朱熹的粉丝就说王阳明是在偏袒陆九渊。实际上王阳明确实在偏袒。

陆九渊的粉丝说陆九渊是尊德性，朱熹的粉丝说朱熹是道问学。王阳明都批评，说：“你难道认为陆九渊不道问学吗？你难道认为朱熹不尊德性吗？他们两个既尊德性，也道问学。但是朱熹的贡献大家都看得到，不需要我来说；陆九渊的贡献大家没有看到，那么我倒是要说。”王阳明毫无疑问是偏袒陆九渊的。他说陆九渊是“孟子之后一人”，这不就是偏袒吗？他这就把朱熹、程颐都排除掉了。

然后他又对“心即理”做出进一步的阐释：“心即理也，天下又有心外之事、心外之理乎……此心无私欲之蔽，即是天理，不须外面添一分。以此纯乎天理之心，发之事父便是孝，发之事君便是忠，发之交友治民便是信与仁，只在此心去人欲、存天理上用功便是。”(《传习录》) 在这里要和大家说一下，所谓的“去人欲”，并不是说人所有的私欲都要去掉，而是说要去掉过分的贪欲。贪欲就是不该拿的你拿了，不该要的你要了，不该侵占的你侵占了，比如说贪官污吏、不良商人之流。

王阳明说陆九渊的“心即理”，你的心不被私欲蒙蔽，就是天理，无须再从外面添加一分。如果你发自天地之心，那么你对父母一定是孝顺的，对你的君主一定是忠诚的，对你的朋友一定是守信的，对民众一定是仁爱的。

“程子云在物为理，如何谓心即理？先生曰：在物为理，‘在’字上当添一‘心’字。此心在物，则为理。”（《传习录》）你的心放在物上，物的理就是天理，所以王阳明对程朱学说多加了一个“心”字。程颐说“在物为理”，王阳明加了“此心”二字。这就是两者的不同之处。也是我们区分哪个是客观唯心主义，哪个是主观唯心主义的根据。王阳明加了这个“心”字，就把人的主观能动性放进去了。

王阳明在他的一生中，就强调了三个概念：第一是致良知，第二是亲民，第三是知行合一。这三个概念可以说都是由“心即理”派生出来的。

这三个概念中，先出现的是知行合一。可以说王阳明提出知行合一是王学诞生的一个标志。“知之真切笃实处即是行，行之明觉精察处即是知……真知即所以为行，不行不足谓之知。”（《传习录·答顾东桥书》）王阳明强调一个“行”字。著名教育家陶行知先生就说“知易行难”，知是容易的，行是困难的。王阳明认为，知和行是一样的，知是行的开端，不行动就是“假知”。我一直强调，王阳明对陆王心学的贡献是把陆王心学由“正心诚意”的学说推进到“既正心诚意，又重视实践行动”的学说。“正心诚意”和“行动”二者缺一不可。第一，要正心诚意，要为国家做贡献，而不是为自己的私利。第二，要行动，不行动就是白学。

王阳明提出的第二个概念是亲民。他做官时和最底层的民众打交道，知道民间疾苦，所以他南下到滁州做官，在船上就明确提出“亲民”二字。他的大弟子叫徐爱，也是他的妹夫。有一天，他问徐爱：“最近学问做得怎么样？”徐爱说：“有进步。”王阳明说：“你背一下《大学》，看看有什么进步。”徐爱就背“大学之道，在明明德，在新民，在止于至善”。王阳明说：“停，错了。”徐爱就不理解。王阳明说：“错就错在‘新民’二字。”

程颐和朱熹认为《大学》的旧本是错的，不应该是“亲民”，而应该是“新民”。因为后面多次谈到新民的问题。王阳明说这是望文生义，就应该是亲民。什么是亲民？“百姓不亲之亲，凡亲贤乐利，与民同其好恶，而为絜矩之道者是已。”(《王文成全书·年谱三》)对待百姓就像对待自己的子弟一样，民众需求什么，我们就解决什么；民众厌恶什么，我们就除去什么。民众有的时候觉悟没有那么高，我们要引导他们。要止于至善，不能过头。

第三个概念是致良知。良知就是是非之心，致良知就是按照是非之心去做一切要做的事情。陆王心学的核心精神就是包容性、批判性、实践性和大众性，引导人们积极向善。落在实处只是两个字，叫“亲民”。致良知的目的还是亲民，因为它继承了中国传统文化中的大道：

大道之行也，天下为公，选贤与能，讲信修睦，故人不独亲其亲，不独子其子，使老有所终，壮有所用，幼有所长。矜、寡、孤、独、废疾者，皆有所养。男有分，女有归。货恶其弃于地也，不必藏于己；力恶其不出于身也，不必为己。是故谋闭而不兴，盗窃乱贼而不作，故外户而不闭，是谓大同。（《礼记·礼运》）

这实际上是中国古代提出的儒教和中华民族的核心价值。中国历史上各个阶段的伟大思想都是相通的，都是为了人民的共同福祉。我想这也是我们现在讨论陆王心学的价值和意义所在。

黑格尔丨人与人冲突的根本原因

陈家琪

关于黑格尔有个非常有趣的话题，就是他有关“承认”的学说。

哈贝马斯在《后形而上学思想》里说，黑格尔是西方哲学史上第一个意识到现代性问题的哲学家。什么叫现代性问题呢？就是“个人”出现了，这是现代性最大的问题。个人出现以后，相应地就有个人的人格、自由、尊严等一系列问题。

当个人有了人格、自由、尊严以后，会导致一些什么问题呢？在意大利哲学家洛苏尔多来看，黑格尔之前的思想家都没有意识到，个人自由的出现会导致什么冲突和内在矛盾，只有黑格尔意识到了。

个人出现，这是“主体性”问题。个人出现后，个人与个人之间有什么矛盾，会发生什么冲突，这是“主体间性”问题。

这就是我要讲“承认学说”的第一个原因：黑格尔是第一个意识到现代性问题的哲学家。现代性问题，就是主体性出现以后，主体性自身、主体间性（个人与个人之间）有什么矛盾，会发生什么冲突。

第二个原因，就是主体间性。人与人之间为什么会变成问题呢？一方面是，人与人的关系失去了一种神圣事物的联系。在中世纪宗教背景下，有神圣事物在后面，人与人的关系不太会成为问题。但当人成为独立的自我、独立的个体，失去了与神圣事物的联系时，人与人之间就成为一个问题了。另一方面是，历史解释学出现了。人类产生了历史的意识，或者有了历史的概念。有了历史的意识，“偶然性”就变得不可回避了，必须对偶然性作出解释。这是一个很大的问题。

不知道大家看没看2022年的世界杯足球赛。“足球是圆的”这句话我在《三十年间有与无》里面就已经提到了，现在又在反复谈。因为沙特队战胜了阿根廷队，日本队战胜了德国队，以前觉得这似乎都是不可能的，现在有了一句“足球是圆的”，好像一切都变得可能了。偶然性就变得不可遏制，这是个很严重的问题，这也是现代自由人格、自由个体出现以后，不得不面对的一个问题。

第三个原因是，意识哲学要向语言哲学转换。当人与人、个体与个体之间的问题上升为主要问题后，交流就成为一个更主要的问题，所以，意识哲学要向语言哲学转换。我想以上三点说明了，主体性出来以后，黑格尔意识到了主体间发生的问题，导致了整个现代哲学的转换。

第四个原因，就是1888年恩格斯给自己的一本小册子《路德维西·费尔巴哈和德国古典哲学的终结》写了一篇序。他说在1845年，就是四十三年前，马克思在《政治经济学批判》的序言中说，一定要清理一下他们是如何从黑格尔哲学出发，并最后脱离的。但是当时：第一，还没有任何人顾及过费尔巴哈；第二，也一直没有人清理。恩格斯说：这是一个信誉债，我要来偿还这笔信誉债，来谈一下我们和德国古典哲学之间的关系，特别是和黑格尔的关系。从恩格斯这段话可以看出，马克思主义与德国古典哲学，特别是黑格尔哲学之间的一种关系，也就是为什么现在要讲黑格尔。

○ 自在与自为

在谈黑格尔的承认学说前，我觉得有几个前提应该先谈一下，这和近代哲学主体性的确立有关。

主体性的确立，最鲜明地体现在笛卡尔的“我思故我在”

这句话里面。在这句话里,“我”就是思,“我”怀疑一切。“思”就是思维，也就是意识、怀疑，或者说“怀疑着的思维”。笛卡尔说：要坚持普遍怀疑，什么都是可以怀疑的。例如，“我现在是不是坐在这里，是不是在写文章”，这些都是可以怀疑的，因为或许这是在一场梦中。但是，笛卡尔说，“有一个东西在思考着，在怀疑着”，这一点是不能怀疑的，是确定无疑的。他说“我思故我在”，这是个体的、意识的，是不可怀疑的，这是出发点。这就是近代哲学及现代哲学以来，个体意识的确立。

这个“怀疑着的思想”就是思维，也就是意识。

黑格尔说，意识有两个存在状态的概念：一个是自在，一个是自为。

这是两个不同的概念。“自在”的第一个特点是，它不是为了任何对象，例如不是为了父母、丈夫、妻子、孩子、国家。第二个特点就是，它自身是没有目的的，例如它没有自我实现的目的，这一点很重要。在黑格尔那里，自在是一个非为他的和无自身目的的一种意识状态。这是一种难得糊涂、逆来顺受、井底之蛙的大智若愚、自由自在。这样一种不知道意识要实现什么的状态，就是黑格尔说的“自在”。

“自为”跟它就完全不同。自为的最大特点是，它要排斥身外的其他一切东西，来自我实现。

没有自为意识光有自在，就是一种浑浑噩噩的自由状态，不知道要实现什么；一旦有了自为意识以后，就会要排斥身边一切存在的其他东西，实现自身与自身相等同，就是自我实现。

黑格尔喜欢把自在自为这两个概念连起来，这是一个很有意思的话题。

○ 关于意识

黑格尔的整个哲学体系，就是从抽象到具体，从外在到内在，从有限到无限，从主观到客观，从东方到西方，沿着这样一个大的逻辑在讲的。纵观黑格尔哲学的整个体系：《精神现象学》是意识、自我意识、理性；《精神哲学》是主观精神、客观精神、绝对精神；《逻辑学》是存在论、本质论、概念论；《法哲学》是抽象法、道德法、伦理法；《自然哲学》是机械论，讲力学，讲量变，到物理论。物理论讲质变，讲光学、电学、热力学，然后到有机论（或者叫有机物理学），讲生物学，人类学和人类的实现、目的、自为存在；然后就有《历史哲学》，东方世界、希腊世界、罗马世界和日耳曼世界。

其中的《精神现象学》讲的是意识、自我意识和理性。

承认学说就在自我意识里，因为没有自我意识，就谈不到承认的问题。

我们讲一下意识，有五点要跟大家介绍。

第一点，人的意识，分为“对物的意识”和“对人的意识”。人本身也是物和精神的结合，即身和心的结合。人的身体就是一个物，人的心就是他的精神。如果你把对方看成一个物，就是只看到了对方的身体，而对方的精神的、心灵的存在，是看不见的。

人对物的意识就是攫取、占有、消灭。因为“自为”的意识要实现自身，就无论如何不允许在其之外有独立的东西，如果有一个独立的物，自为的意识就想把它改造、消灭掉。物不能有独立性，这会限制人类，所以人要把它消灭掉，这是对物的意识。

对人的意识，就是把人看成身和心的结合，出于自为意识，他接下来就要消灭人的身体——要么杀死，要么将其变成奴隶。原始时代人类部落和部落之间基本都是杀死对方的，后来不杀死了，将其变成奴隶，让他们来为我劳动。

一个人怎么会变成奴隶呢？一个人又怎么会变成主人呢？黑格尔从纯粹的自我意识角度作了解释：一个人如果心中对物没有意识的话，他就是一种精神的存在。而一个人越贪恋物，越珍惜自己的生命，越舍不得自己的财物，就会越怕死；越怕死越会被打败，越会成为奴隶。我们有句老话，就是“光脚的不怕穿鞋的”。

如果一个人一无所有，什么都不在乎，那么他基本上是战无不胜的，因为他不贪恋物。贪恋物的人，会被那些不贪恋物的、不在乎生死的人打败。被打败后，或者被消灭，或者成为奴隶。

小结一下：意识分为对物的意识和对人的意识。人也可以被当成物来看。当成工具，这就是关于意识的第一点。

关于意识的第二点，就是黑格尔所说的“欲望一般”。意识都是有欲望的。意识包括两层意思，一层是“意识的活动”。意识总是对某物的活动，胡塞尔的现象学把这点讲得更明确，但是黑格尔也讲到了，他说意识的活动不是空洞的，它必然是对一个东西，总是有一个它所意识的东西，这在现象学里叫“意象性”。意识的另一层就是“自我意识”，即“可以反过来想我自身”的意识，于是这个意识就成了“对意识的意识”，一种对我自身意识的意识。

我觉得这样一讲，攫取、占有、消灭、改造等心理就得到了解释，因为人的意识活动都有欲望，欲望是“对对象的消灭和占有”。比如男性对女性身体的占有，这是欲望的表现。通过这些活动给自身以确信：我是一个占有者。得不到这种自我确信，便没办法体现我的“自为”存在。

当对象也是独立性的，并且消灭不了时，真正的问题就出现了。这涉及人与他人的关系，即主体间的关系：你被迫承认，对方也是一个你无法消灭的自我意识。如果碰见的是没有自我意识的对象，那你可以去消灭、占有他。但是如果对方也是一个有自我意识的对象，这个问题就会复杂很多。在大量西方的电影中，我们都可以看到这种讨论，特别是关于爱情。你是碰到一个有独立性的、有自我意识的女性，还是碰到了一个温顺的、逆来顺受的、随你所愿的对象。

这是关于意识的第三点：既然意识都有欲望，而欲望涉及和对象的关系，那么对象有没有自我意识，就成为一个很重要的问题。

第四点就是，自我意识表明，意识的对象从无生命之物转向了有生命之物，于是自我意识就是人的“类意识”。这是个很深刻的思想。自我意识是“对意识的意识”，例如我意识到我有意识。我有意识，说明我是一个有生命之物，于是这个一般的意识就包括对外物的攫取、占有；当你一旦有了自我意识的时候，你就有了类意识，这是人类才有的一种对自身的反省意识，这个也很精彩。

第五点，黑格尔说，意识总是对对象的意识，这个对象总是和人相关（也可以把人看成是对象）。人既可以意识到彼此的身体，也可以意识到彼此的精神。个人的精神和身体是不可分的，如果人死了，他的身体没有意义了，他的精神也就没有了。人必须是活的，人得有意识。

黑格尔在这里给生命下了一个很精彩的定义，他说生命就是流动性中的自我认同。比如说，二十岁的我和七十岁的我是不是同一个人？这是一个很大的问题。我们相貌一样吗？思想一样吗？体格、身体状态一样吗？凭什么判断二十岁时候的我和七十岁的我是同一个我呢？人没有办法在流动性中达到自我认同，因为这非常困难，里面有无数的环节和大大小小的曲折。

黑格尔说，自我意识是一种对生命之物的意识，只有人意识到自己有意识，这就是人的“类意识”。人应该把人看成一个类，而不是单独的人。

○ 自我意识

一个自我意识与另一个自我意识的关系，才是真正的自我意识的问题。

自我意识是意识的转折点，它带我们从五彩缤纷的感性世界、黑暗的彼岸世界，来到了此世，来到了现在这个世界。

知觉的世界是一个五彩缤纷的世界。黑暗的彼岸世界，就是我知道有个彼岸，但彼岸现在我还没办法去，也没有人去过再回来告诉我彼岸世界是什么。此世，现在这个世界是什么呢？就是自我意识。它不再是你感觉到的五彩缤纷，它就是你的意识活动本身。

可以说，自我意识是一种特殊的生命需要，是意识的转折点。所谓特殊的生命需要，就是人的生命需要有自我意识。如果都没有自我意识，一点都不反省自己，不把自己当成意识的对象，那生命的需要根本就没有得到满足。

黑格尔说，自我意识有三个环节。

第一个就是自在的、纯粹的、无差别的自我。

第二个就是有欲望的自我。因为发现了欲望，欲望使我与现在的我有了差别。我想要得到的东西，跟我现在能得到的或所拥有的东西是不一样的。一个人如果是纯粹、无差别的自我状态，他可能就不愁吃穿。而有孩子要读书的人，有房贷、车贷的人，会觉得“现在的我”跟“我想要得到某些东西的那个我”之间是有差别的。这是最关键的，因为这时才有了真正的自我意识。前者没有自为，只是自在；后者就有了自为，即想成为“我想成为的那个我”。

第三个，自我意识有双重化的问题。人类需要一个有生命的对象，他自身也是有生命的意识，这就是自我意识的双重化。

这个其实在生活中是很好理解的。我们跟人打交道，总希望对方是一个有生命的、有自我意识的独立的人，不希望他完全是自然状态，没有一点自己的想法，没有自己要实现的东西。人们寻找的还是有自我意识的、独立的对方。

当两个独立的自我意识相遇，自我意识就有两层意识：一是两个自我意识各自回到自身，你回到你的意识，你想想你意识中的你是什么，去反省你自己；另一个，这两个自我意识也可以看成是同一个自我意识，因为自我意识是一个“类意识”，它是人类特有的一种生命功能（这可能是一种生命意识）。

如果是同一个自我意识，就出现了一个是我，一个是我所意识到的我的意识。这就等于有两个意识，一个是拥有者，一个是被拥有者；一个是承认者，一个是被承认者。我在我身上可以看到我自己是不是我所承认的那个我，我在别人身上也可以看到他是不是我所承认的那个他。我如果改造不了他，就让他自己去反省他自己，我自己也可以回到我自身的意识。回到我自身的意识后我就会发现，我身上有被承认者和承认者。

所谓自我苛求、自我反省，实际上就是让你去反省你自己：你那意识中的我，你是否已经实现了？是否还有哪个愿望永远也实现不了？

○ 主奴关系与承认学说

两个自我意识，如果双方都不交流，那就各自回到自身，反省自己的意识。这个活动又可以看成是人类的活动，也可以看成是我的活动。因为我在反省我自己的时候，其实这是人类特有的一种意识活动，即自我意识，对自我的意识的意识。于是就有了被意识者和意识者、被承认者和承认者、被拥有者和拥有者的关系。

如果发生在两个人之间，就会有一个被统治者和一个统治者、一个被拥有者和一个拥有者、一个被承认者和一个承认者。如果对方完全是独立的自我意识，不愿承认自己是一个“被怎么样”的状态，那就没办法，你就得回到你的自我意识。但回到自我意识中，如果你想到你自己是你自己的拥有者、统治者和被承认者的话，你就会想到人类其实都面临这样一个问题，因为每一个自我意识都是为自己而存在的。

他想消灭对方的身体，同时他又想承认对方的意识，这是一个很矛盾的状态。消灭了对方的身体，对方的意识也就不存在了；对方的意识存在，对方的身体也得存在，这两个是不可分离的。这里面那种“被怎样”的状态，我刚才讲了，其实就是舍弃不了“物”，这样的人一定会成为奴隶。

黑格尔在《精神现象学》中有段很著名的话：“一个不曾把生命拿去搏一场的人，虽然也是一个人，但不是独立的自我意识。”

人一定得把生命拿去搏一场。生命是什么？生命就是物，但是你的生命和你的意识是连在一起的，没有生命就没有意识；而有了意识，你得舍得把你的生命拿去搏一场。如果没有这种“舍得”的精神，那你就不是独立的自我意识，你就会被消灭。要么肉体被消灭，意识也随之消灭；要么被变成奴隶、工具，希望获得对方的承认。

这里的否定有两个意思。一是对物的否定，即我消灭了对方，我为了成就我的独立意识，显示我的独立存在、我的自为，我实现了对物的消灭和霸占。另一个是对意识的否定或占有，我把对方消灭了，对方的意识也就没有了。

对意识的占有，在黑格尔的哲学中被翻译为“扬弃”。

扬弃跟否定不一样。否定就是消灭，扬弃则是把你消灭了，但保存你的存在。人们都感谢“扬弃”这个概念——我打不过你，我就服从你，请你保存我身体的存在，让我继续活着。人们就满足于这样一种状态。

扬弃这种否定形式，就是把你变成没有精神的工具。

这样就产生了主奴关系。主人是纯粹的自我意识、自为意识，“我要成为我，消灭我身边的一切异己东西”。奴隶意识就是不纯粹的自我意识，因为他舍弃不了“物”。物指他舍弃不了的东西，所以他一定会成为奴隶，即不纯粹的自我意识。

20 世纪 30 年代，布哈林等人被审判，这些人马上就承认自己有罪。因为他自己死了不要紧，但他还有家人，家人是他舍不了的东西。这些舍不了的东西反过来使他成为不纯粹的自我意识，使他成为奴隶。主人的意识是独立的自我意识，变成了承认者；奴隶的意识是有所依赖的自我意识，变成了被承认者、工具。

主人通过奴隶来享受物，他让奴隶去劳动，自己坐享其成；奴隶通过改造物、陶冶物，通过美化修饰物，来满足主人的要求。奴隶做的其实就是艺术创造。我们看到的所有岩画、壁画、雕塑以及秦始皇的兵马俑等艺术作品，都是奴隶打造的。在陶冶物的过程中，奴隶会产生一种自我满足。

这就产生了一种非常大的矛盾。

主人由于不直接与物打交道，他的眼前没有独立之物，因而变得越来越没有独立的意识。他面对的人（奴隶）不是独立的，他面对的物虽然是独立的，但是他不跟物打交道。

我觉得黑格尔说的这些话，绝对启发了马克思。主人不与任何独立之物打交道，所以他眼前没有独立之物，他自己就没有独立意识。有独立意识的反倒应该是奴隶，因为奴隶和独立之物打交道，会产生独立意识。

主人如果能够进行艺术创造，去从事绘画、音乐、写作方面的工作，他可能会有创造性。他如果什么都不做，只是享受奴隶给他提供的物的话，他基本上就是个废物，即便他是主人。

奴隶一直生活在死亡和恐惧当中。黑格尔说：死亡与恐惧是任何智慧的开始。如果没有对死亡的恐惧，不意识到死，那你就没有智慧。为什么意识到死亡和智慧有关？克尔凯郭尔认为，恐惧是一种类似于原罪的罪感。我们都知道《圣经》里面有原罪，亚当和夏娃吃了不该吃的苹果，这是一种原罪。认为自己做了什么不该做的事情，会受到惩罚，这是一种罪感，这是恐惧的开始。

克尔凯郭尔的这个观点非常精彩，他说这种无故性等于一种无知性。罪感这种恐惧是无故的，人总是生活在莫名其妙的恐惧当中。恐惧和无知有关，恐惧性等于无知性。无精神性等于一种命运感，因为没有独立的自我意识，所以把一切都归为命运。死亡是“可能性中的可能性”，随时都可能发生，我们今天总说“死亡和幸运哪一个先到，没有人知道”。可能性之一就是死亡，对死亡的恐惧是智慧的开始。

但这也是最折磨人的地方，因为这是属于奴隶的意识。经常生活在恐惧和死亡中的是奴隶，主人可能随时让他去死，让他失去一切。

主人必须面对独立的自我意识。主人如果不面对一个独立的自我意识，他就没有独立的自我意识。当他面对不是奴隶的对象时，也终究不得不面对独立的自我意识，比如在父子关系、夫妇关系、师生关系当中。

父子关系中，儿子终究会长大，他不能老听你的话。夫妇关系中，妻子是有独立的人格、意识好，还是对丈夫言听计从好？师生关系中，学生一定有自己的独立意识，并且这种独立的意识才是宝贵的，你要让这种独立的意识生长起来，而不是把它压下去。

主人一定会面对独立的自我意识，奴隶也必须从“对物的支配”慢慢过渡到与主人打交道的方式上来。美国大量的电影都在反映奴隶的自我意识，因为奴隶在和独立的物打交道。他们去挖地、生产，然后有了独立的意识，这个独立的意识慢慢体现在他们与主人的关系当中。如果这个奴隶心中只有死亡和恐惧，这种死亡恐惧就只停留在他自己的内心；如果他把这种死亡和恐惧表现出来，那他就有了反抗意识。

我觉得黑格尔分析得很精彩，主人一定要承认奴隶的独立人格。奴隶也是人，前面讲过，这是人类独有的“类意识”。承认他是人的意思就是他有独立的人格。每一个人格都是有限跟无限的统一，是各种可能性中的一种现实性，并且可能性高于现实性。

奴隶还有更多的可能性。主人如果意识到的话，他就会发现奴隶可能会成为音乐家、美术家、绘画家等。无限和有限的统一之间，存在一种人格的东西，这是属于人的。在“成为一种自在自为的意识”这方面，奴隶跟主人是一样的。

○ 心灵的安宁

黑格尔在《精神现象学》里讲完主奴关系中的承认问题以后，非常精彩地讲到了哲学史上的斯多葛主义、怀疑主义和苦恼意识。这一节是我在读黑格尔时感受最深，也是受益最深的一段话。

黑格尔把满足于独立自我意识、自为意识的实现的状态，称为“心灵的安宁”。用我们今天的话来讲，实际上就是一种自由自在、“躺平”的状态。

斯多葛主义和怀疑主义都是古罗马时期的哲学。与斯多葛主义相对的叫伊壁鸠鲁主义。我们最初开始学西方哲学时，把伊壁鸠鲁主义看成是唯物主义，只有黑格尔讲清了什么是伊壁鸠鲁主义：其实就是享乐主义。

选择“躺平”后满足于某种独断论，就是斯多葛主义；“躺平”后享乐，就是伊壁鸠鲁主义。这两种对立的理论合起来极大地影响了整个西方哲学史。

黑格尔说，无论是农耕文明还是海洋文明，最终都会走向斯多葛主义的独断论。因为人只要寻找一个理由，任何理由都可以把自己说服，都可以成为一种独断论，使自己找到一种“躺平”或做其他事的理由。然后在这种情况下，你还可以像伊壁鸠鲁的理论那样，得到一种享乐，这也是心灵的安宁。

福柯｜人类理性的自省与自赎

戴建业

20 世纪法国思想的天空群星璀璨，萨特、庞蒂、德里达、斯特劳斯、巴特……福柯也许就是群星中最耀眼的巨星，不仅生前《规训与惩罚》《词与物》洛阳纸贵，身后那些代表作更为迷人。

无论是生活还是思想，福柯都是一位不按常理出牌的人物，比如说，他为人的特立独行，他私生活的离经叛道。他说生活应当过成一件艺术品，所以他不断践行不同的生活方式，在理论上不断探索“生存美学”。

他是法兰西学院思想体系史教授。可叫人大感意外的是，他的思想体系史偏偏冷落了苏格拉底、柏拉图、亚里士多德、笛卡尔、康德、黑格尔这些思想大神，专写晦气的疾病、疯癫、监狱、变态、性、性欲倒错；更叫人意外的是，他竟然把这些被人冷落的“边角材料”，弄成了学术界的热门话题。

他是历史学家，他的《古典时代疯狂史》《临床医学的诞生》《规训与惩罚》《性经验史》，都采用了历史著作中常见的时序形式，然而他的每本书都溢出了学院规范，想不到最后都成了学院里的学术时尚，知识考古、谱系学、权力、断裂、生存美学……如今都已经成为学院里的学术行话。

福柯的学术历程再次表明：普通学者须遵守规范，天才学者则创立规范。

这次要和大家聊的名著《疯癫与文明》，是福柯的博士论文《古典时代疯狂史》的英文缩写本。这篇博士论文于1961年由法国普隆书店出版，1964年出版法文缩写本。1965年的英译本译自法文缩写本，福柯对这版英译本的内容做了部分增补。中译本《疯癫与文明》就译自这版英译本。英文名字是*Madness and Civilization*，有的译为“疯癫与文明”，有的译为“疯狂与文明”。这里有关《疯癫与文明》的引文，都出自三联书店2019年修订本，译者是刘北成、杨远婴。

顺便交代一下，法文版的《古典时代疯狂史》，已由学者林志明全译，并由三联书店于2005年初版，2016年再版，译文和刘、杨缩写本译文一样优美流畅。这次没有讲法文全译本，主要是刘、杨的《疯癫与文明》译本，已于1999年由三联书店出版，我读得最早，也读得最熟。另外，对于普通读者来说，缩写本《疯癫与文明》，可让大家尝鼎一脔；对于相关专业的读者来说，它不失为一部进入福柯思想世界的最好的入门书。

大多数学者认为，该著的宗旨是批判启蒙理性，即使不是为“疯癫”这一非理性辩护，至少也对非理性倾注了热情，充满了同情。我倒是觉得，它既是理性的自我批判，也是理性的自我救赎；它既是对文明话语的解构，也是对人类主体的重新建构。

这还得从头说起。

除《前言》和《结论》外，全书正文共九章：《“愚人船”》《大禁闭》《疯人》《激情与谵妄》《疯癫诸相》《医生与病人》《大恐惧》《新的划分》《精神病院的诞生》。

我们先跟着福柯的思路走一遭，然后再“却顾所来径”，总结全书的主旨、特点及其影响。

书前的《前言》其实就是导言，有的著作称为“导论”“绪论”“引论”或“引言”，它是全书的总纲，阐明了全书的主旨、方法、思路与结构。虽然只有短短四页，但是大家必须着意细读，我也得着意精讲。

福柯起笔便引用两则名人名言。第一则是法国帕斯卡用神谕一般的口吻说：“人类必然会疯癫到这种地步，即不疯癫也只是另一种形式的疯癫。”第二则是俄国陀思妥耶夫斯基的警告：“人们不能用禁闭自己的邻人来确认自己神志健全。”

这两则名言暗藏着全书的思想密码：人类以医学、道德或法律的名义，把疯癫说成失德、失智和犯罪；以禁闭自己邻人的方法，来证明自己神志健全；以排斥非理性的方法，来显示自己的理性。殊不知此时“不疯癫”其实就是“疯癫”。这两则名言消解了理性与疯癫的界限。

第二段紧承第一段“另一种形式的疯癫”：“我们尚未而应该撰写一部有关这另一种形式的疯癫的历史。”什么是“另一种形式的疯癫”？它就是“不疯癫”的“理性”，或者“不疯癫”的“文明”。理性或文明表面上处于疯癫的对立面，其实它“只是另一种形式的疯癫”。人们出于这“另一种疯癫”，用一种理性支配的行动，把自己的邻人禁闭起来，而自己用“不疯癫”的冷酷语言相互交流、相互承认。作者接着说，该著作旨在“追溯历史上疯癫发展历程的起点”，在这一起点上，疯癫与非疯癫属于一种没有分化的体验，从起点上描述“另一种形式的疯癫”，将使理性与疯癫截然分开，从此理性与疯癫毫无交集，互不相干。

第三、四段阐明追溯起点的方法。要确定理性与非理性相互断裂，并导致理性对非理性征服的起点，就必须抛弃现存的关于疯癫的知识，不能被现存精神病理学的观念牵着鼻子走。

目前关于疯癫的诊断、观念，都是征服者——理性——的“一面之词”，不能拿来作为疯癫的判断标准。在起点处，疯癫与非疯癫、理性与非理性难解难分。它们不可分割之时，便是它们不存在之际——疯癫与非疯癫彼此不分，那就既没有“疯癫”，也没有“非疯癫”了。

第五段阐述现代精神病领域的状况。如今，疯癫之人与正常人早已泾渭分明，“正常人”不再与疯子交流，而是将其交给专业医生去对付。18 世纪末，疯癫被正式诊断为一种精神疾病，表明正常人与疯癫的分离、理性与非理性的断裂。精神病学的语言就是理性胜利的宣言，就是理性有关疯癫的独白。

第六段揭示该著的目的与性质：“我的目的不是撰写精神病学语言的历史，而是对那种沉默做一番考古探究。”作者并不是要写一本疯癫的精神病学史，而是要写一本疯癫的知识考古学；不是要强化和放大理性的独断，而是要为“沉默”的疯癫发声。

第七、八段阐述从古希腊到近现代疯癫与理性的关系，并表明“理性—疯癫关系构成了西方文化的一个独特向度”。在古希腊，疯癫与非疯癫还判然未分；中世纪以来，欧洲人与疯癫还有某种关系，正是这种“不清不楚”的关系，“西方的理性才达到了一定的深度”。

第九段说明“这种研究会把我们引向何处”，换句话说，这种研究到底属于什么性质？这种研究到底有什么意义？该著进入的领域“既不是认识史，又不是历史本身，既不受真理目的论的支配，也不遵循理性的因果逻辑”。

最后一段勾勒古典时代的大禁闭，逐渐为精神病院所取代，作者以一种哭丧的语气说：“在我们这个时代，疯癫体验在一种冷静的知识中保持了沉默。”“一种无声的机制，一种不加说明的行动，一种直接的知识。这个结构既非一种戏剧，也不是一种知识。正是在这一点，历史陷入悲剧范畴，既得以成立，又受到谴责。”在精神病院里，疯癫彻底落入一种失语状态。疯癫与文明，非理性与理性，已由相互交流对峙，变为罚与被罚，禁闭与被禁闭。

可见，理性与非理性由联系到断裂，由对话到沉默，由交流到禁闭，是一场理性与文明的狂欢。现代精神病学语言是对疯癫的理性独白，这种独白是以疯癫的沉默为基础的，该著作正是论述这种沉默的知识考古学。

正文第一章是《“愚人船”》。中世纪的“愚人”与“疯人”并未区分，刘、杨译为“愚人船”，林志明译为“疯人船”。

中世纪末期，麻风病逐渐从西方世界消失，而另一种更狰狞的疾病——疯癫——即将扑面而来。麻风病虽然消失了，但处置麻风病人的场所、对待麻风病的习俗并没有随之消失。附着于麻风病人形象上的价值与意象，排斥麻风病人那种挥之不去的社会意义，几乎完好无损地保留了下来。这种习俗不是要扑灭麻风病，而是要把它拒之某种安全距离之外。不过，麻风病人虽被拖出教会，被排斥于有形教会的社会之外，但他仍然能领受上帝的恩宠："遗弃就是对他的拯救，排斥给了他另一种圣餐。"

西方文学中出现新图景——愚人船，它缓缓沿着莱茵河和佛兰芒运河巡游。欧洲的主要城市聚集了大量的疯人，他们无法得到医治，城市又没有那么多监狱，人们就把他们和罪犯、醉鬼一起装上愚人船，把疯人托付给水上反复无常的命运。漂泊的愚人船具有多重的意旨：既是将疯人排斥，又是将他们放生。在许多地方，愚人船靠岸却不能上岸，他们被扣留在停泊的津口，被置于社会的里外之间：对于外边它是里面，对于里面它是外边。疯人是人们受威胁的根源，也是人们嘲讽的对象，还是尘世非理性的晕狂。任由愚人船无目的地航行，表明当时人们对疯人的矛盾心态：好奇而又恐惧，拒斥却又茫然。

15 世纪后期，死亡成了笼罩一切的主题，人的末日与时代的末日交织在一起，死亡恐惧如影随形，无人可以躲避死亡之箭。到这个世纪末期，这种巨大的不安突然转向，对疯癫的嘲笑代替了对死亡的惶恐，大家发现在死亡把人化为乌有之前，疯癫已将存在变成虚无，它就是已经到场的死亡，"休言万事转头空，未转头时皆梦"。

那时的人们对疯癫的体验五花八门，疯癫的形态也千奇百怪：浪漫化的疯癫、狂妄自大的疯癫、正义惩罚的疯癫、绝望情欲的疯癫。人们把疯癫当作最纯粹、最完整的错觉形式，以男人为女人，以谬误为真理，以死亡为新生……人们对愚人船也充满了幻想，船上装载着理想中的英雄、道德的楷模、社会的典范、游移的象征。

总之，文艺复兴时期对疯癫大致还比较友好，并没有将疯癫“打入冷宫”，疯癫与非疯癫、理性与非理性还能进行含糊的交流。

从第一章《“愚人船”》到第二章《大禁闭》，历史的脚步就从文艺复兴过渡到古典时代。

从第二章《大禁闭》到第七章《大恐惧》，福柯用六章的篇幅论述古典时代的疯癫，可见他对古典时代的重视。

这一章开头承上启下：“文艺复兴使疯癫得以自由地呼喊，但驯化了其暴烈性质。古典时代旋即用一个奇特的强力行动使疯癫归于沉寂。”前两句归纳上章的旨意，后一句揭示本章的中心。

“大禁闭”以1656年颁布在巴黎等地建立收容所的敕令为开端，以1794年法国宣布解除疯子镣铐为节点。禁闭标志着理性对非理性的完全胜利，文明对疯癫的彻底征服。

17世纪，法国出现大型禁闭所，此后一百五十多年的历史时期，这些禁闭所自然就成了疯癫的归宿。禁闭所除了医院外，还有拘留所和监狱；被禁闭的人除了疯子外，还有懒汉、罪犯、醉鬼等。禁闭疯癫的总医院，与其说是一个医疗机构，还不如说是一个半司法半独立的行政机构，医院具有法院外独立的审判、裁决和执行权。

禁闭之初并没有赋予治疗的意义，以当时的医疗条件，懒汉无须治疗，疯癫不能治疗。禁闭疯癫的目的是强制劳动，它不是救死扶伤的博爱，而是对游手好闲的惩治。

在中世纪，傲慢是最大的罪孽；文艺复兴时期，贪婪是最坏的污点；17 世纪，懒散又成了最可怕的恶习。此时，人们认为劳动与贫困成反比，勤勉与犯罪成反比，劳动不仅能带来经济效益，还具有道德的魅力。这样，禁闭疯癫的态度虽有点含混，禁闭疯癫的目的却很明确：它能廉价甚至无价地利用劳动力，最大限度地控制经济成本。说白了，就是冠冕堂皇地剥削疯子。

人们从社会角度来感知疯癫，如经济贫困、工作能力低下、群体融合能力差。贫困的社会危害、工作的社会义务、劳动的伦理价值，决定了当时人们对疯癫的认知和体验。

文艺复兴时期将疯人放逐，古典时代则将疯人禁闭。那么，社会大众怎样看待疯人呢？于是就水到渠成地接入下一章《疯人》。《疯人》勾勒了这个时代对非理性体验的轮廓。

古典时代把堕落、鸡奸、叛教、谋杀、懒惰视为羞耻，认为罪恶像传染病一样能带坏他人，遮掩和禁闭是限制它传播的最佳手段。但对疯人却十分例外，疯人不仅无须遮遮掩掩，还向公众展示和表演。于是，非理性禁闭在幽室中，疯癫则出现于舞台上。疯人成了尘世中一种奇特的景观，人们可以买票参观疯人“展览”。

为什么对疯人如此野蛮呢？因为古典时代并没有把疯癫视为病症，所以没有把疯人当作病人；而且认为疯人身上只有兽性，所以也不把疯人当作人。让疯人在栅栏中展览，和让猴子当众表演，二者在性质上别无二致。这种对疯人的冷漠源于对自身的恐惧，因为从疯人身上看到了极端的兽性，所以急于将疯人与人进行剥离，不承认兽性内在于人的本能。既然疯人不能算“人”，疯人发作的兽性就无关乎人性。展览疯人表明文明对疯癫的肆意作践、理性对非理性的公开羞辱。其实，展览疯人非但没有把兽性升华为人性，反而把人性拉低到了兽性。

我们怎样对待疯人，我们自己就是怎样的人。

疯癫的野性因什么而产生？疯癫的野性又有哪些表现？第四章《激情与谵妄》为我们回答了这些问题。

古典时代认为激情是肉体与灵魂的聚合点，激情既向肉体扩散，又向灵魂扩散。疯癫与激情具有紧密的因果关系，狂放的激情导致疯癫，野性的疯癫又释放了激情。也就是说，疯癫因激情而起，激情又因疯癫而止。

谵妄始终伴随着疯癫。谵妄常常表现为疯癫中的幻觉、胡话、意识障碍。作者就谵妄得出四点结论：

1. 古典时代，疯癫中并存两种谵妄：一种谵妄是某些疾病的并发症；另一种谵妄的原因不明，但症状十分明显。

2. “这种隐蔽的谵妄存于心智的一切变动之中，甚至存在于我们最想不到的地方。”

3. “话语涵盖了整个疯癫领域。”

4. “语言是疯癫最初的和最终的结构，是疯癫的构成形式。”

总之，谵妄既是肉体的又是灵魂的，既是语言的又是心象的，既是语法上的又是生理学上的。

从前常将疯癫的谵妄与活跃的梦境比较，古典时代则说谵妄状态是非睡眠状态的错置；古代认为做梦是暂时的疯癫，古典时代说是疯癫从做梦中获得了自己的本性。作者对谵妄、梦境、眩惑和禁闭的剖析极有深度，这一章的后半部分必须反复咀嚼。

除了“激情与谵妄”外，疯癫还有哪些症状呢？于是就有了第五章《疯癫诸相》。林志明《古典时代疯狂史》译为“疯狂诸形象”。本人不懂法文，此章标题英译为“Aspects of Madness”，从内容看，应当译为“疯癫诸症状”。

这一章并不是论述17世纪和18世纪精神病学的观念演变史，而“是要展示古典时期思想借以认识疯癫的具体形态”。作者共展示了四种疯癫的“具体形态”：躁狂症、忧郁症、歇斯底里、疑病症。作为疯癫的知识考古学，该著作不在意疯癫的抽象本质，重点在于理性对疯癫的话语建构。这里涉及古典时代的精神病学史，但作者从未和盘接受精神病学对疯癫的界定，而是侧重于追踪话语建构中的“猫腻”，从而认识疯癫与文明、理性与非理性的关系，认清文明对疯癫的围剿、理性对非理性的污名。

将躁狂症、忧郁症、歇斯底里、疑病症纳入疯癫的“诸相”，古典时代不断赋予疯癫以新内涵，使疯癫随着时代的变化而“变脸”。

阐述了疯癫的各种症状，如何才能根治或减轻这些病症呢？这样就有了第六章《医生与病人》。看了这个标题，很多人可能会马上想看看那时医生如何治病，可作者一开头就让人一头雾水：“治疗疯癫的方法在医院里并未推行，因为医院的主要宗旨是隔离或‘教养’。”这就叫人纳闷儿了，俗话说，没有金刚钻别揽瓷器活，没有治疗技术还开什么医院呢？如果只是“隔离或‘教养’”，那不是办一个拘留所更简单吗？前面已经说过，当时的医院其实是一个半司法半独立的行政机构，侧重点不是“治病”而是“整人”。不过在医院之外，古典时代疯癫的治疗技术仍在不断发展。

具体说来，有如下四种物理疗法，而每种疗法都借鉴了肉体的道德疗法：

1. 强固法。它是一种使精神或神经纤维获得活力的疗法。疯癫虽然有时表现为忧郁，有时表现为狂躁，有时表现为歇斯底里，但内里都处于一种虚弱状态，疯癫时元气陷入无规律的耗竭之中。强固法就是扶持精神元气，扶助精神元气就能抑制自身的躁动，这有点像我们中医所谓的"强筋固本"。

2. 清洗法。当时人们认为疯癫的根源是内脏堵塞，体液和元气腐败，清洗法就是清洗这些腐败的体液和元气，以达到疏通内脏的目的。这种方法也符合中医的基本理念：通则不病，病则不通。其具体方法是用清洁透亮的血液，置换患者黏滞、混浊而又苦涩的血液。按那时的医疗水平，要数这种彻底置换的清洗法最为"理想"，也要数这种清洗法最不可实施，于是后来有了许多变更的方法。古今中外，"难言之隐，一洗了之"都是骗子的噱头。

3. 浸泡法。古典时代误以为，长期浸泡可以改变液体和固体的性质，这种方法当然与古老的"沐浴涤罪"观念有关。开始以为冷水有冷却的作用，后来才知道冷水的效果反而是加温，而热水才能实现冷却，冷却能使亢奋和狂躁平息下来。17世纪到18世纪中期，社会上都以为水可以医治百病，宣称水具有万能功效。18世纪末，水的声誉江河日下，人们发现水能证明一切，也能否定一切；水什么病都能医治，正表明它什么病都医治不了。

4.运动调节法。这种方法是重新确立古人的养生信念。古人断定各种形式的散步和跑步有益健康：单纯的散步可以使身体强健灵活；逐步加速的跑步可以使体液在周身分布均匀，还可使各器官的负担减轻；完整的跑步可使肌体组织发热放松，并能使僵硬的神经纤维重新恢复弹性。福柯对运动调节法的论述很精彩："如果浸泡法确实一直隐含着关于沐浴和再生的伦理上的和几乎宗教上的记忆的话，那么我们在运动疗法中也会发现一个相对应的道德主题。与浸泡法中的主题相反，这个主题是，回到现世中，通过回到自己在普遍秩序中的原有位置和忘却疯癫，从而把自己托付给现世的理智。"

在古典时代，决定医疗方法的不是真理呈现，而是一种功能标准。医学手段原来用于祛除罪恶和消除谬误，古典时代的医学只满足于调节和惩罚。那时医治疯癫的技术系统主要有两类："一类是基于某种关于品质特性的隐含机制，认为疯癫在本质上是激情，即某种属于灵肉二者的（运动—品质）混合物。另一类则基于理性自我争辩的话语论述运动，认为疯癫是谬误，是语言和意象的双重虚幻，是谵妄。"

其中第二类又分为三种基本类型：

1. 唤醒法。因为谵妄是疯人的白日梦，唤醒法旨在使患者从白日梦中清醒过来。

2. 戏剧表演法。此法表面上看与唤醒法恰好相反，前者是中断疯人的梦游状态，后者则以患者的思维和想象进行表演，让患者看出其中的荒谬，并从谵妄中走出来。

3. 返璞归真法。此法又刚好与戏剧表演法相反，戏剧幻觉的表演要是没有效果，人为的逼真表演法就被一种简单的自然还原法取代，“这种方法有两种方式，一方面是通过自然来还原，另一方面是还原到自然”。

在古典时代，别去徒劳地划分生理疗法与心理疗法，因为那时根本就没有心理学。此时生理的药物疗法，同时也是心理的治疗干预，譬如让病人喝苦药就不是单纯的生理治疗，它可能也作用于病人的心灵清洗。因为此时疯癫的含义就是非理性，洗涤心灵就是消除心中的非理性因素。

本以为非理性已成了理性羞辱的对象，文明已完全拒斥了疯癫，哪知“天道轮回”，又出现了“大恐惧”。第七章《大恐惧》就是阐述“大恐惧”与非理性的关联。

此章以《拉摩的侄子》引入正题。古典时代，思想家笛卡尔认为自己没疯，因为理性与疯癫势不两立，假如能理性思辨就不会疯癫，假如已经疯癫就不会理性思辨。然而，拉摩的侄子却清楚地意识到自己疯了：“你知道，我既无知又疯狂，既傲慢又懒惰。”《拉摩的侄子》是一部对话体长篇小说，作者是法国启蒙运动健将狄德罗。拉摩的侄子是启蒙理性的一面晦暗的镜子，一幅恶意的漫画，“好像理性在欢庆胜利之际却让自己用嘲弄装扮自己的形象死而复生”，“理性既从中认出自己又否定自己”。拉摩的侄子预示着重大的变化：从前门赶走的非理性，又悄悄地从后门溜了进来。

即使在理性和文明凯旋进军的时候，非理性和疯癫也并没有销声匿迹。如果说拉摩的侄子还只是一个小说里的形象，那么萨德可是现实中的一位放荡作家、一个疯子、一个恶魔、一个性施虐狂、一个性变态者、一个疯狂的享乐主义者。对古典时代的人来说，拉摩的侄子只是一种不祥的预兆，而萨德则给人实实在在的恐惧。

麻风病业已消失，疯人已经被禁闭。本以为非理性就像孙悟空一样被压在五行山下了，不料 18 世纪中期，突然冒出一种新的恐惧，这种恐惧经由医学术语得以表达，经由道德神话得以传播。各禁闭所传出一种神秘的疾病，人们纷纷猜测它是“监狱热病”。这自然让人联想到禁闭所的囚车和戴镣铐的囚犯，有的说囚车经过会造成传染，有的说坏血病会引起传染病，有的说被病症污染的空气会毁灭城市居民，一时弄得人心惶惶。从前以禁闭清除的邪恶又卷土重来，并以一种古怪的模样带来恐慌。当时流行一种含混的“腐烂”意象，既表示道德的腐败，又表示肉体的腐烂。

该章最后对疯癫进行了更深刻的思考，他说在古典时代，“人们的疯癫意识和非理性意识一直没有分开”，到 18 世纪末这二者才开始分道扬镳。他分别阐释了疯癫与多方面的关系：“疯癫与自由”“疯癫、宗教与时间”“疯癫、文明与感受力”。

在“大恐惧”中结束了古典时代，在“新的划分”中迎来了新世纪。这样就有了第八章《新的划分》。这一章的重点是要阐述：随着新世纪疯癫意识的转变，人们对禁闭的态度也随之改变。

一跨进 19 世纪的门槛，所有的精神病学家、所有的历史学家，都被同一种愤怒情绪支配，出于同样的义愤，发出同一种谴责：“居然没有人因把精神病人投入监狱而脸红。”人们好像一夜就换了一副菩萨心肠，其实，这“与其说是一种博爱意识，不如说是一种政治意识”。不管是出于博爱，还是由于政治，人们对疯人友善多了。此时的法国人开始郑重考虑：如何对待疯癫？如何安置疯人？这一改革进程分三个阶段：第一阶段是尽可能减少禁闭；第二阶段是《人权宣言》的规定，必要的禁闭也必须得到法律许可；第三阶段是发布重要法令，规定禁闭的范围和责任。

有了如何安置疯人的思考，就顺理成章有了第九章《精神病院的诞生》。

精神病院的诞生是一种标志，疯人已经被当作病人对待。不管是图克的疗养院，还是皮内尔的疯人院，既不同于文艺复兴时期的驱赶，也有别于古典时代的禁闭，它们都带有某种神话的色彩，散发出人道的温馨，闪耀着博爱的光辉。实际上，恐惧仍旧是他们精神病院的底色，从前恐怖是由于外在的暴力，现在的恐怖则是由于内心的禁忌；从前苦于禁闭所的高墙，现在困于负疚的良心；从前是被他人监视审判，现在则是自己审判自己——镣铐从疯人的双腿移到了疯人的灵魂。

皮内尔的疯人院管理模式不同于图克，他从不提倡任何一种宗教隔离。在他的疯人院里，宗教不仅不能作为生活的道德基础，反而纯粹是一个医治的对象。但是皮内尔的疯人院，是“一个没有宗教的宗教领域，一个纯粹的道德领域，一个道德一律的领域”。家庭和工作的价值，所有公认的美德，统治了这里的疯人院。皮内尔治下的疯人院，既是道德整肃的工具，又是社会谴责的工具。他具体的操作手段：1. 缄默；2. 镜象认识；3. 无休止的审判；4. 神化医务人员。

谈到精神病院自然不会忘了弗洛伊德，福柯说他是“第一个不把目光转向别处的人，第一个不想用一种能与其他医学知识有所协调的精神病学说来掩盖这种关系的人，第一个绝对严格地追寻其发展后果的人”。我再补充一下，弗洛伊德也是第一个将疯人去污名化的人，第一个恢复疯人尊严的人。但是，弗洛伊德强化了医生“魔法师”的能力，把医生捧到了无所不能的地位，疯人在医生面前放弃了自己。其实，他的精神分析无缘进入非理性的精神空间。

18 世纪末叶以后，非理性的声音几乎彻底消失，只有偶尔几声声嘶力竭的呐喊打破沉寂，如荷尔德林、奈瓦尔、尼采、阿尔托的作品，它们是对道德桎梏的强烈抗议。可悲的是，我们习惯于把这种道德桎梏，称为图克和皮内尔对疯人的解放。

第九章之后就是全书的《结论》。通过对画家戈雅和凡·高、作家萨德和阿尔托、思想家卢梭和尼采的分析，作者阐明“非理性一直属于现代世界任何艺术作品中的决定性因素”，“任何艺术作品都包含着这种使人透不过气的险恶因素”。作者以此为非理性正名和辩护。

这几个画家、作家和思想家，其为人曾经疯癫或一直疯癫，其作品表现疯癫甚至赞美疯癫，但他们都创造了许多不朽的杰作，为人类文明作出了杰出的贡献。这给我们留下巨大的思考空间：难道疯癫与文明必定是生死冤家?

沿着《疯癫与文明》思想的线路，我像导游一样带领大家做了一次神游，一路上把福柯的思想风景看个够：时而奇峰峻岭，时而幽谷深溪，时而平原莽莽，时而溪水潺潺……读《疯癫与文明》如行山阴道上，人们都应接不暇，掩卷后仍然回味无穷，流连忘返。

神游归来不能两手空空，我们不妨总结一下《疯癫与文明》的主旨。从古代社会到文艺复兴，从古典时代到现代社会，人们对疯癫的体验和感知都不一样：中世纪尚无明确的疯癫意识，文艺复兴时期对疯癫尚存浪漫的想象，古典时代疯癫就成了被禁闭的恶魔，进入现代以后疯癫又成了必须医治的对象。因而，疯癫既不是一种病理现象，也不是一种社会现象，而是一种文明的建构。该著旨在追溯疯癫是如何建构起来的，所以福柯说它是对疯癫沉默的考古学。

古典时代认定疯癫是非理性的极限，出于对自身非理性的恐惧，人们便急忙与疯人切割，不再把疯人当作人，或将他们严密地禁闭起来，或将他们像动物一样展示出来。自欺欺人地以为把疯人划入异类，就能剥离自己身上的非理性。

事实上，理性与非理性是一对孪生兄弟，它们都同属于人的本性。如果只有理性而没有非理性，那人就成了受逻辑程序操控的机器人；如果只有非理性而没有理性，那人就成了暴烈的凶猛野兽。理性代表思辨、认知、权衡、节制、稳健、伦理……非理性代表激情、想象、感受、梦幻、冲动、活力、血性、情欲……没有理性就没有清明的理智，没有深度的理论，没有严谨的逻辑；没有非理性就没有奇特的想象，没有强烈的激情，没有勇往直前的血性。总之，一旦没有非理性，我们就将丧失生命的活力。只有理性与感性达到高度的平衡，我们才会既有深度的思考，又有奔放的激情和旺盛的创造力。

该著第四章《激情与谵妄》，英译原文是“Passion and Delirium”，Passion 就是激情，Delirium 就是谵妄。福柯为什么要推崇激情与谵妄呢？如果我们只有理性的算计，而没有粗犷的豪情与非功利的冲动，人类的生命必将枯萎。宋明理学就曾高叫要“存天理，灭人欲”，希望彻底剿灭非理性，现代西方社会更是要扼杀非理性而后快。这正是福柯对疯癫抱以同情，为非理性热情辩护的动因。

在《激情与谵妄》这一章中，作者十分清醒地写道：“虽然疯癫是无理性，但是对疯癫的理性把握永远是可能的和必要的。”不仅仅是《疯癫与文明》，福柯几乎所有的代表作品，都是理性对非理性的深刻把握，是理性对非理性的“理解与同情”。人类的文明史，就是一部文明围剿疯癫的历史，一部理性排斥非理性的历史。由于福柯对非理性有深度的体认，他才公开站出来批判理性的傲慢，指责文明的冷酷，给疯癫以温情，还非理性以公正。这是人类理性对自身的反省，是理性对自身的檄文，当然也是理性对自身的救赎。

我还想说，这更是福柯对主体的塑造与建构。当理性排斥非理性的时候，人类主体仍然残缺不全。福柯独特的人生经历、深厚的理论素养、耀眼的学术才华、异于常人的性取向，使他兼具惊人的理论深度和体验深度，所以重塑人类主体的重任非他莫属。

《疯癫与文明》是他的成名作，也是他后来所有著作的诞生地。他的运思方式、他的学术路数、他的学术取向，譬如知识考古、知识谱系、生存美学，又比如说知识、权力、自我，都能从这本书中找到源头。这本书中的价值倾向，如反抗理性的专横、崇尚生命的激情、肯定人类的非理性，成了他后来一生的学术功课。他的另一本重要著作《词与物》，英文版译为*The Order of Things*，在知识和经验中他推崇经验；在《性经验史》中，他推崇快感；在《知识考古学》中，他强调“断裂”；在《规训与惩罚》中，他发现了“温柔的暴力”。

晚年他写了一本《自我技术》，此书关注“那些被表述出来的情感”，那些“所能体验到的欲望”。他在知识中发现了权力，在理性中识破了压制。他晚年倡导人们关怀自我，此处的“自我”既指个体更指人类，关怀自我就是人类的终极关怀。他的学术风景气象万千，他的人生经历同样多姿多彩；他不仅在理论上重塑人类主体，在生活中也实践了他的“生存美学”。

《疯癫与文明》展现了福柯史学家的博学、思想家的深刻，还有诗人的才华。西方学者认为，《疯癫与文明》是史学也是诗学。书中的许多章节富于诗意，他的叙述语言又极有穿透力：

疯人被囚在船上，无处逃遁。他被送到千支百叉的江河上或茫茫无际的大海上，也就被送交给脱离尘世的、不可捉摸的命运。他成了最自由、最开放的地方的囚徒：被牢牢束缚在有无数去向的路口。他是最典型的人生旅客，是旅行的囚徒。他将去的地方是未知的，正如他一旦下了船，人们不知他来自何方。只有在两个都不属于他的世界之间的不毛之地，才有他的真理和他的故乡。

以华丽的语言表述深刻的思辨，以丰富的想象来阐释奇特的思想，朋友，这是在论述，还是在抒情？这是思想史，还是散文诗？福柯百转千回的运思，常给人以“曲径通幽”的快乐；他那别致优美的文笔，又往往让人沉溺于他那浓郁的诗意。

丹纳｜如何“看透”文学和艺术？

戴建业

“背景”的困境

一

王国维《宋元戏曲史》中有一则名言：“凡一代有一代之文学；楚之骚，汉之赋，六代之骈语，唐之诗，宋之词，元之曲，皆所谓一代之文学，而后世莫能继焉者也。”遗憾的是，王国维先生只发现“一代有一代之文学”，却没回答为何某一文学偏偏兴盛于某一代。

在《诗薮·内编》卷四中，胡应麟敏锐地指出：“盛唐句如‘海日生残夜，江春入旧年’，中唐句如‘风兼残雪起，河带断冰流’，晚唐句如‘鸡声茅店月，人迹板桥霜’，皆形容景物，妙绝千古，而盛、中、晚界限斩然。故知文章关气运，非人力。”

这三联诗句的诗境、诗意，普通读者都能看出它们的差异：盛唐句阔大，中唐句萧瑟，晚唐句小巧。同样是诗歌，同样在唐代，它们为什么会天差地别呢？照胡应麟的说法，这取决于神秘的“气运”，远非“人力”所能左右。

“气运”字面的意思是“气数”或“命运”，它比诗歌风格更让人摸不着头脑，诗风与“气运”有什么关系？“气运”又怎样影响着诗风？胡应麟这则著名的评论，真应验了那句老话：你不说我还算清楚，你越说我越是糊涂。

此处的“气运”属于“背景”范畴。研究文学的时候，我们总是拿“背景”说事，而背景又总是指“时代背景”。谈一个文学作家绕不开背景，谈一篇文学作品也绕不开背景，谈一个文学团体更绕不开背景，似乎离开“背景”就无从说起。背景说最早可追溯到孟子的“知人论世”，最过硬的理论支撑是“经济基础决定上层建筑”。

不过，背景这种东西有点像王维笔下的终南山——远眺则“白云回望合”，近观却“青霭入看无”。笼统说来，背景似乎能说明一切；深究起来，背景又好像很难落到实处。譬如，《文心雕龙·时序》不容置疑地说：“时运交移，质文代变”，“歌谣文理，与世推移”，“文变染乎世情，兴废系乎时序”。可是，“世情”又如何浸染文学？“时序”又如何影响文学的“兴废”？虽然刘勰举了不少例子，读者仍旧不得要领。

更何况，“世情”“时序”并不能包打天下。同样在盛唐，李白怒吼“大道如青天，我独不得出”；杜甫却高唱“会当凌绝顶，一览众山小”；王维悲观地对朋友说“劝君更尽一杯酒，西出阳关无故人”；高适却勉励朋友“莫愁前路无知己，天下谁人不识君”。同样是在晚唐，李商隐见到的是“夕阳无限好，只是近黄昏”；而杜牧想到的是“叱起文武业，可以豁洪溟”。一个绝望，觉得末日即将来临；一个豪壮，把地球当皮球踢。

文学、绘画、音乐等文艺作品的兴盛与衰落，其背后的原因远比机器、粮食、衣服、油料等产品的繁荣与短缺更为复杂，不能简单地套用“经济基础决定上层建筑”。马克思曾多次指出，精神生产与物质生产具有不平衡性。唐太宗那样的贞观盛世，并没有带来诗歌的兴盛；春秋战国和20世纪二三十年代的动荡，却造就了文学的繁荣。

再把眼光从民族移向世界，朋友们很快就会发现，不只是“一代有一代之文学”，一民族更有一民族之艺术：有些民族以音乐见长，如奥地利；有些则以雕塑争胜，如古希腊；有些又以绘画扬名，如意大利和荷兰。从“气运”“世情”和“时序”这单一的背景视角，根本无法阐释这一切文艺景观。

那我们应从哪些层面入手，才能“看透”这些复杂的文艺现象呢？

“采用自然科学的原则”

丹纳的学术名著《艺术哲学》，好像就在专门回答这一问题。作者是法国著名历史学家、思想家，译者傅雷是我国著名翻译家。

这部名著是作者在巴黎美术学校的授课教材，1865—1869年先后在巴黎分册出版。全书共分五编：第一编《艺术品的本质及其产生》，第二编《意大利文艺复兴期的绘画》，第三编《尼德兰的绘画》（尼德兰今天分属荷兰、比利时两个国家），第四编《希腊的雕塑》，第五编《艺术中的理想》。这里要和大家略作交代，傅译《艺术哲学》内容绝对忠实于原作，只不过目录次序和各节标题与作者定稿稍有出入。

在写作和出版此书的时代，欧洲科学技术突飞猛进，物理学、生物学、建筑学、医学、工程学、机械学、遗传学，等等，各种自然科学技术的突破不断刷新人们的视野。英、法、德、意等欧洲主要强国，铁路网越织越密，火车站越来越多，新颖建筑争奇斗艳，学术巨著争相涌现，如《电学与磁学论》《物种起源》《实验医学导论》《化学哲学新体系》《动物学哲学》

等。科学强化了人类征服自然的力量，也赋予人类一种乐观精神，导致了人类对自然科学的崇拜，当然也诱发了人类在自然面前的狂妄。

眼看自然科学日新月异，人文学者自然也跃跃欲试，他们急急忙忙地依样画葫芦，把自然科学的研究方法引入人文社科研究领域。比丹纳写作《艺术哲学》早一百多年，法国德·拉·梅特里就从医学、生物学、生理学的角度，写了一部名作《人是机器》。恰在丹纳写作《艺术哲学》的几年前，达尔文的《物种起源》传入法国，并在法国学术界一石激起千层浪，加深了学者对“让科学进入文学研究”的紧迫感。

此时此刻，人文科学研究中的“科学性”，就不只是一种学术时尚，还是对人文学者的最高奖赏。在《艺术哲学》中，丹纳“科学”不离口：“科学抱着这样的观点”“精神科学开始采用的近代方法”……他在该著作第一章就开宗明义地宣称：“美学本身便是一种实用植物学，不过对象不是植物，而是人的作品。因此，美学跟着目前精神科学与自然科学日益接近的潮流前进。精神科学采用了自然科学的原则、方向与严谨的态度，就能有同样稳固的基础，同样的进步。”他还信心满满地相信：“艺术品和动植物，我们都可加以分析；既可以探求动植物的大概情形，也可以探求艺术品的大概情形。”

丹纳认为，植物生长受种子、环境、气候的影响，艺术品的产生也取决于种族、环境和时代，该著作就是从这三方面着手来阐释艺术的兴衰，并将艺术分析融于科学方法之中的。

读任何一本理论书籍，我们一定要进入它的理论框架，只有进入了这个框架才算“登堂入室”。进入框架后先要了解它的论证方法，掌握全书的基本构架。读任何一本体系严谨的名著，第一步就是反复琢磨它的目录，不要一打开书就去读正文。从揣摩目录开始，待目录烂熟于心，你对全书结构就可了然于胸。接下来再想想这种结构有哪些特点，为什么要这样构架全书，然后再读正文审视自己原来的判断对不对。第二步再看看这本书前面有没有原序和译序，翻到书末看是否有后记。这样，大体上就了解这本书作于何人，作于何时，为了何事。第三步细读全书“导论”，有的书叫导言，有的书叫引论、引言，还有的书叫绪言、绪论，它事实上是全书的总纲，细读总纲便于提纲挈领。不少学术著作后面常有一个“结论”，结论是全书的总结。对导论和结论都要细读，千万不可一目十行或囫囵吞枣。细读全书以后，我们一定要反复追问：这本书说了什么？是怎么说的？说得对不对？这样，全书的中心思想、论述方式和是非对错，我们就都能勾勒出一个基本轮廓。

回到《艺术哲学》的目录，以第一编《艺术品的本质及其产生》为例。这一编共两章，第一章《艺术品的本质》共七节，第一节“研究的目的”“所用的方法”，第二节“艺术的目的是什么”“艺术分为两大类”，一直到第七节“艺术在人类生活中的价值”，主要阐明研究的目的、方法与艺术的本质。

第二章《艺术品的产生》共十节，分别用绘画、文学、建筑、音乐等艺术，来阐明种族、环境和时代对艺术品产生的决定作用。

艺术品的本质与艺术中的理想

一

该著作以《艺术品的本质及其产生》（第一编）开端，以《艺术中的理想》（第五编）结尾。开头阐明什么是艺术，结尾阐明什么是理想的艺术。

和许多理论著作不同，作者并没有从概念到概念，没有界定“艺术的本质”，从开卷到闭卷你找不到关于“艺术”的定义。多年前，我读过德国博格斯特的《艺术判断》，全书用演绎推理的方式，论析艺术与非艺术的界限，最后得出二者没有严格分野的结论，“艺术判断”成了无从判断。《艺术哲学》“和旧美学不同的地方是从历史出发而不从主义出发，不提出一套法则叫人接受，只是证明一些规律”。丹纳说“过去的美学先下一个美的定义”，“我唯一的责任是罗列事实，说明这些事实如何产生。我想应用而已经为一切精神科学开始采用的近代方法，不过是把人类的事业，特别是艺术品，看作事实和产品，指出它们的特征，探求它们的原因”。

这种研究方法，“不提出什么公式，只让你们接触事实”。就像“标本室的植物和博物馆里的动物一般”，在我们眼前“陈列出‘艺术品’”，而不是甩给读者一个抽象的定义。

艺术到底有哪些本质特征呢？首先，艺术的“目的便是尽量正确地模仿”，尤其是“模仿活生生的模型”。“忘掉正确的模仿，抛弃活的模型”之日，便是所有艺术流派衰落之时。所谓“正确地模仿”，就是把活的模型或真实的对象，准确地再现出来。但这只是艺术的第一步，绝对正确的模仿未必就能产生最美的艺术。用我们古人的话来讲，一味地模仿、写实只能做到“形似”，苏东坡在《书鄢陵王主簿所画折枝二首》中说：“论画以形似，见与儿童邻。”讲求形似只是艺术的初始阶段，初学书法临摹名家字帖，先要把字体笔画间架摹写得可以乱真，才能脱开字帖写出自己的个性。如果停留于“正确模仿”，那就仅仅是一个匠人。丹纳举了法国画家但纳为例，但纳常用放大镜画画，一幅肖像画有时要画三四年，画上皮肤的纹缕、颧骨上的血筋、鼻子上的黑斑、眼珠中的反光、脸上细小的汗毛，都一一清晰可见。哪承想，以如此大的耐性，花如此多的时间，画出如此精美的肖像，其艺术价值竟然还比不上“代克的一张笔致豪放的速写”。

再说第二个特征，艺术品之所以比照相更高明，就是因为艺术品能抓住事物最主要的特征，这突出的最主要特征“便是哲学家说的事物的‘本质’”。为了突出它的本质，艺术家可以改变比例，以求把主要特征表现得更充分。比方说我要表现一个女孩子的婀娜多姿，就把她的腿画得更加修长，把她的身段画得更为圆润柔软，这样她就会顾盼生姿。这样绘画比照相更容易出彩。丹纳还特地以拉斐尔的名画为例：“拉斐尔画林泉女神《迦拉丹》的时候，在书信中说，美丽的妇女太少了，他不能不按照‘自己心目中的形象’来画。”

其实，这在我国的绘画史上也极为常见。把某些特征夸张化，如齐白石的《虾》并不符合正常比例，但它比真虾更像虾，它比真虾更有张力，更活灵活现，这就是我们常说的“神似”，再高明的摄影师也拍不出这种虾来。“扬州八怪”的画同样夸张，甚至更为夸张，它们不是对象的写真，而是画家们的写意，它们不是忠实于表现的对象，而是忠实于画家的内心。

艺术的理想与艺术的本质息息相关。刚才说到，艺术就是要表现事物的主要特征，艺术的理想“是使一个显著的特征居于支配一切的地位。因此，一件作品越接近这个目的越完善”。理想艺术的条件有两个：“特征必须是最显著的，并且是最有支配作用的。”艺术作品的等级，就要看这些特征的重要程度、有益程度和集中程度。

种族·环境·时代

一

《艺术哲学》重点分析了意大利文艺复兴时期的绘画、尼德兰的绘画和希腊的雕塑，这三编占了全书近四分之三的篇幅。作者用实证的方法，深刻地揭示了艺术的风格及其嬗变，与其种族、环境、时代的内在关联。

我在前文谈到“背景”的困境，我国古代的“时序”“世情”，就是现在我们常说的“背景”，它指短时期的社会形势，单靠背景难以阐明艺术风格的形成。

丹纳在我们传统的“时序”“世情”之外，又加上了“种族”和“环境”。引入“种族”需要世界视野，要平心静气地将各个民族进行比较，引入“环境”需要文化地理学，明白地理气候对民族的影响。

丹纳从最简单的常识说起：一个作家有很多作品，这些作品都是作家笔下大家族中间的一员。比如李白有很多诗，它们一看就知道是李白写的；鲁迅先生有很多杂文，一看就知道是鲁迅的手笔。艺术家这个人也是一样，他也是一个群体中间的一员。仍以李白为例，大家都知道李白很浪漫，但是李白并不是天外来客，他周边有一大群浪漫鬼，比如王昌龄、王之涣、崔颢、王翰等，只不过李白更浪漫而已。再如莎士比亚，他好像是英国的一个孤胆英雄，可我们进一步了解当时的文坛，就会发现他周围的人都了不起，莎士比亚不过是那片森林中最高的枝条。还有尼德兰画家鲁本斯，初看他“好像也是独一无二的人物，前无师承，后无来者”，可只要去参观一下尼德兰的画室，你会发现鲁本斯周围有一大群画家，他们都喜欢表现高大壮健的人体，喜欢粗野的人物，喜欢放纵地享乐。艺术家这个群体同样如此，艺术家不是与世隔绝的个人，“艺术家庭本身还包括在一个更广大的总体之内，就是在它周围而趣味和它一致的社会”。几个世纪之后，只听到艺术家的声音，但在这些响亮的声音之下，还能辨别出群众低沉的嗡嗡声，他们在艺术家四周合唱或伴唱。

和我们普通人一样，艺术家也爱甚至更爱听人夸奖。艺术家表现大众关切的东西，就会收获许多人的点赞，因而这方面的人物和情感就表现得最好；艺术家一旦表现大众不感兴趣的东西，人们就会还艺术家一张冷脸。

艺术既然受制于一个广大的群体，受制于产生它的环境，受制于影响它的民情，那么，从种族、环境、时代探求艺术的生产机制，就有了可信的理论依据。

我们不妨以第二编《意大利文艺复兴期的绘画》为例，且看丹纳是如何从这三个层面阐述意大利文艺复兴时期绘画的兴衰的。这编第一章讲《意大利绘画的特征》，时间“包括 15 世纪的最后 25 年和 16 世纪最初的三四十年”。这个跨越几十年的历史时期，意大利杰出画家像雨后春笋般涌现。作者不时用植物来比喻："这个美满的创造时期可以比作一个山坡上的葡萄园：高处，葡萄尚未成熟；底下，葡萄太熟了。下面，泥土太潮；上面，气候太冷；这是原因，也是规律，纵有例外，也微不足道。"

此时意大利画派有哪些特点呢？意大利画家采用的题材是人，他们的重心就是画出理想的人，田野、树林、河流、建筑等都是人的附属品，他们认为只有才具较差的画家才会去画风景。另外，在意大利古典绘画中，人与风景之间，风景只是陪衬；肉体与精神之间，人的肉体居于中心。当时画家彻里尼说，"绘画艺术的要点在于好好画出一个裸体的男人和女人"，即一个健康、活泼、强壮的人体。"一个神明的或英雄的肉体世界，至少是一个卓越与完美的肉体世界。"意大利文艺复兴时期的画家，"创造了一个独一无二的种族，一批庄严健美、生活高尚的人体，令人想到更豪迈、更强壮、更安静、更活跃，总之是更完全的人类"。

考察植物就先要看植物的种子，考察艺术也先要看看生产艺术的种族，这样下一章就过渡到谈意大利的种族。"完全是由于民族的和永久的本能"，决定了意大利文艺复兴绘画的成因，也决定了意大利文艺复兴绘画的特征。

那么，意大利民族是一群什么样的人呢？"意大利人的想象力是古典的，就是说拉丁式的，属于古希腊人和古罗马人的一类。”他们喜欢并擅长“布局”，喜欢和谐且端正整齐的形式，对内容不像对外表那么重视，爱好外部的装饰甚于内在的生命，“重画意，轻哲理，更狭窄，但更美丽”。丹纳认为：“只有拉丁民族的想象力，找到了并且表现了思想与形象之间的自然的关系。表现这种想象力最完全的两大民族，一个是法国民族，更北方式，更实际，更重社交，拿手杰作是处理纯粹的思想，就是推理的方法和谈话的艺术；另外一个是意大利民族，更南方式，更富于艺术家气息……就是音乐与绘画。”

再看看第三编《尼德兰的绘画》。刚才说过意大利画派的中心是人体，是气宇轩昂或姿态高贵的人物，他们身材比例近乎完美，裸露的肉体优雅迷人。这些绘画的艺术价值就在于人体本身，他们没有职业的特征，没有地域的特性，甚至没有时间的印痕。而尼德兰绘画恰恰相反，他们画中的人物都是一个个具体的人，“或是布尔乔亚，或是农民，或是工人，并且是某一个布尔乔亚，某一个农民，某一个工人；他对于人的附属品看得和人一样重要；他不仅爱好人的世界，还爱好一切有生物与无生物的世界，包括家畜、马、树木、风景、天，甚至于空气；他的同情心更广大，所以什么都不肯忽略；眼光更仔细，所以样样都要表现”。

为什么会是这样呢？什么树开什么花，什么花结什么果，这还得从种族说起。欧洲有这样的两大种族，“一方面是拉丁民族或拉丁化的民族，意大利人、法国人、西班牙人和葡萄牙人；另一方面是日耳曼民族，比国人（比利时人）、荷兰人、德国人、丹麦人、瑞典人、挪威人、英国人、苏格兰人、美国人。”“在拉丁民族中，一致公认的最优秀的艺术家是意大利人；在日耳曼民族中是法兰德斯人（比利时人）和荷兰人。”尼德兰人就是今天的荷兰人和比利时人。在意大利，在法国，满眼见到是精致的五官，是漂亮的脸蛋，是优美的身材，那里的乡下人也仪表堂堂。据丹纳的描述，尼德兰人身材以高大的居多，但外形都比较粗糙，“各个部分仿佛草草塑成或是随手乱堆的，笨重而没有风度。同样，脸上的线条也乱七八糟，尤其是荷兰人，满面的肉疙瘩，颧骨与牙床骨很凸出。反正谈不到雕塑上的那种高雅和细腻的美”。在尼德兰看到的“多半是粗野的线条，杂凑的形体与色调，虚肿的肉，赛过天然的漫画。倘把真人的脸当作艺术品看待，那么不规则而疲弱的笔力说明艺术家用的是笨重而古怪的手法”。

如果对荷兰人外貌的这种描述属实，那我们可以理解，荷兰画家为什么不以人物为中心，把那些难以入眼的丑八怪画出来，恐怕他们自己也觉得十分难堪，像我这种丑八怪就不喜欢照镜子。他们对静物写真乐此不疲，“荷兰画派只表现布尔乔亚屋子里的安静，小店或农庄中的舒服，散步和坐酒店的乐趣，以及平静而正规的生活中一切小小的满足”，一块面包，一只鸡鸭，一个风车，一幢小屋，一片森林，一棵小树，他们都倾注了无比的热情。

这种题材的选择和艺术风格的趋向，要从荷兰人恶劣的生存环境中寻找原因，于是，作者就从对种族特点的阐述，转入对生存环境的探寻。他又拿植物打比方：“倘若同一植物的几颗种子，播在气候不同、土壤各别的地方，让它们各自去抽芽，长大，结果，繁殖；它们会适应各自的地域，生出好几个变种；气候的差别越大，种类的变化越显著。”

尼德兰就是“低地”的意思，旧时尼德兰地区包括现在的荷兰、比利时、卢森堡，今天荷兰的正式国名叫“尼德兰王国”。尼德兰是一片低湿的平原，由几条大河和小河的冲积土形成，到处池塘和沼泽密布，到处支流和排水道纵横。由于境内没有坡度，导致水的流速极慢。懒洋洋的大河看不到水波，近海的河道有四里多宽，惨白色的河水“腻滆滆”的。荷兰很多陆地是从海洋中“抢过来”的，荷兰人先在海中打下许多木桩，再从远处运来泥土填海，很多地方的地基都是人造的。荷兰内陆部分地区低于海平面，“荷兰只能说是水中央的一堆污泥，在恶劣的地理条件之外，再加上酷烈的天时，几乎不是人住的地方，而是水鸟和海狸的栖身之处”。要想活下去就得先去拼搏，要想能吃饭就得先去吃苦，要想有衣穿就得先流汗，这种生存条件下的人知道生活的艰辛，珍惜自己用生命换来的一切。他们的画家也喜欢画日常生活用品，一顶普通的布帽，一件穿旧了的外套，一间干净的小屋，样样都让他们心满意足。荷兰的小品画表现了荷兰人对生活的热爱，对成就的自豪，对未来的向往。

谈了种族，谈了环境，再来谈时代，前二者属于难以改变的“永久原因”，后者属于所谓“气运”“世情”。说起“世情”，社会风云瞬息万变，政治势力潮起潮落，“画栋朝飞南浦云，珠帘暮卷西山雨”。任何人都生活在自己的“时代”之中，谁都会受到“时代”的影响。当叱咤海洋称雄欧洲的时候，荷兰人创造现实世界的才能，便超出现实世界去创造幻想世界；在现实世界既功业圆满，在艺术世界同样光彩夺目。画坛上一时奇才勃兴，各自用画笔表现那个英雄时代，毅力是那样刚强，心胸是那样宽广，艺术是那样精湛。画家用简洁遒劲的笔力，画出华丽的装饰、绚丽的绶带、牛皮的短袄、细巧的翻领、全黑的大氅，庄严而又辉煌，奢华而又绚丽，衬托出强壮厚实的人物，坦荡自信的神情。

在他们画出英雄时代的同时，他们也成了自己时代的英雄。等到 17 世纪下半叶，荷兰连续被外族入侵，先是被法国的铁蹄践踏，继之又被奥地利的入侵者蹂躏，后来又成为英国的海上败将，逐渐丧失了民族的雄性，消尽了刚毅的古风。随着民族意志的消沉，荷兰画家们也日益江郎才尽，虽然偶尔会出现一些小巧的画品，但那就像干涸沙漠上的几株小草，在凄厉的秋风中瑟瑟作响，向人们诉说着无尽的荒凉。

丹纳认为，在世界艺术中，要数古希腊雕塑最为伟大、最有特色。我觉得在全书中，也要数第四编《希腊的雕塑》最为出彩。因为古希腊雕塑只残留一些躯干、头颅和四肢，大师的特征与各派的师承，也只残存几段粗糙的描述，作家们也只留下一些零星的文字，所以要了解古希腊的雕塑作品，“这里比别的场合更需要研究制造作品的民族，启发作品的风俗习惯，产生作品的环境”。

考察一个民族一如考察一种植物，“要考察希腊植物的环境，看看那边的泥土和空气是否能说明植物外形的特点和发展的方向”，因而，“第一步先考察他的乡土。一个民族永远留着他乡土的痕迹，而他定居的时候越愚昧越幼稚，身上的乡土的痕迹越深刻”。希腊是一个三角形的半岛，欧洲部分以土耳其为界，向南伸入海中直到科林斯，形成一个更南的伯罗奔尼撒半岛。伯罗奔尼撒半岛则像一片桑叶，靠一根细小的叶梗与大陆相连，一边面向蔚蓝的大海，一边背靠起伏的丘陵。正是这个半岛哺育出一个健康早慧的民族。

这儿“没有酷热使人消沉和懒惰，也没有严寒使人僵硬迟钝。他既不会像做梦一般的麻痹，也不必连续不断地劳动；既不耽溺于神秘的默想，也不堕入粗暴的蛮性”。他们喜欢抽象思辨，不因为长途迂回而厌烦，喜欢行猎不亚于喜欢猎物，喜欢旅行不亚于喜欢终点。他们常为思辨而思辨，绝无其他功利目的，全由于自己喜欢。他们对概念作细微的辨析，对观念作精巧的推理，恰如蜘蛛织蛛网那样精心，并不在意蛛网有什么用处，只要看到细微莫辨的网眼就十分满意。通过思辨而获取的真理，只是“他们在行猎中间常常捉到的野禽，但从他们推理的方式上看，他们虽不明言，实际是爱行猎甚于收获，爱行猎的技巧、机智、迂回、冲刺，以及在猎人的幻想中与神经上引起的行动自由与轰轰烈烈的感觉”。

马克思说希腊人是正常的儿童，儿童的天性就喜欢游戏。希腊人认为人的一生就是一场游戏，以宗教与神明为游戏，以政治与国家为游戏，以哲学与真理为游戏——他们所做的一切都是快乐的游戏。他们不像后世膨胀的贪欲使人无比烦躁，过重的压力使人无法喘息，太多的刺激叫人心神不宁。见多识广引诱人贪得无厌，层层内卷又逼人绝望躺平。

希腊人的灵与肉达到了完美的平衡，他们像小孩一样思想情感单纯，审美趣味单纯，没有今天这种复杂纠结的心境，也没有今天这种抑郁狂躁的病症。他们从不把肉体当作精神的附属品，所有人都对肉体十分欣赏，“他们看重呼吸宽畅的胸部，灵活而强壮的脖子，在脊骨四周或是凹陷或是隆起的肌部，投掷铁饼的胳膊，使全身向前冲刺或跳跃的脚和腿”。匀称的体格，优美的曲线，光洁的皮肤，矫健的步伐，都能引来希腊人阵阵喝彩。

只有这样的民族才会产生艺术极致的雕塑。在希腊的雕像上，脸上没有沉思默想的样子，肌体没有被欲望和野心扭曲，看不到丝毫疲惫之态，看不到半点痛苦之容，面容清明而又恬静，线条和谐而又自然。正如德国美学家温克尔曼所说的那样，这些雕塑呈现出“静穆的伟大，高贵的单纯”。

思与诗的交融

一

就像希腊人的灵与肉达到平衡一样，《艺术哲学》这本书中既有严谨的逻辑推理，又有细腻的审美体悟；既有深刻的理论分析，又有浓郁的诗情画意。海德格尔倡导“诗与思的对话”，丹纳则做到了思与诗的交融。

我从没有读到过一本这样的理论译著，既能从它那里享受思辨的乐趣，又能从它那里领略文采的美丽。

话分两头。

先说理论分析与逻辑论证。以第五编《艺术中的理想》为例。一提到“理想”可能就有人想放声歌唱，可作者在该编的引言中泼了一瓢冷水：“按照我们的习惯，要以自然科学家的态度有条有理地研究、分析，我们想得到一条规律而不是一首颂歌。”该著作几乎完美地体现了现代学术的特征：态度冷静客观，立场不偏不倚，阐述有条有理，论证逻辑严谨。

且看他“自然科学家的态度”。标题既然是《艺术中的理想》，作者一起笔就界定什么是艺术的理想：“我们说过，艺术品的目的是表现基本的或显著的特征，比实物所表现的更完全、更清楚。艺术家对基本特征先构成一个观念，然后按照观念改变实物。经过这样改变的物就‘与艺术家的观念相符’，就是说成为‘理想的’了。可见艺术家根据他的观念把事物加以改变而再现出来，事物就从现实的变为理想的；他体会到并区别出事物的主要特征，有系统地更动各个部分原有的关系，使特征更显著、更居于主导地位，这就是艺术家按照自己的观念改变事物。”

界定了什么是“艺术中的理想”以后，接着他依次阐明“理想的种类与等级”（第一章）、“特征重要的程度”（第二章）、“特征有益的程度”（第三章）、“效果集中的程度”（第四章）。只要扫一眼第五编目录的标题，你就会明白什么样的论证算“层层深入”，什么样的说理算“条理分明”，什么样的文章算“结构严谨”。

《艺术哲学》中的任何一章，正如俗话所说的那样“有理有据”——以严密的论证组织充实的证据。如第五编第二章《特征重要的程度》，一开头就以自然科学中的“特征从属”原理，来阐明什么是“重要的特征”。最重要的特征就是最不容易变化的特性，能抵抗一切内在因素与外来因素的袭击，而不至于解体或变质。作者从来不“空口说白话”，他马上便以植物为例，植物躯干的大小不如结构重要，因为躯干可大可小，但结构不能可上可下、可左可右；又以哺乳动物为例，哺乳动物肢体的数目、位置、用途，不如“有无乳房”之为重要，因为肢体数目可增可减，肢体用途可跑可飞，但乳房不能可有可无；接着就在大量论据的基础上进行理论抽象：“自然科学交给精神科学的结论，就是特征的重要程度取决于特征力量的大小，力量的大小取决于抵抗袭击的程度的强弱，因此，特征的不变性的大小，决定特征等级的高低；而越是构成生物的深刻的部分，属于生物的原素而非属于配合的特征，不变性越大。”下一节就从自然科学过渡到艺术哲学。

钱锺书先生曾在《围城》中说，“法国人的思想是有名的清楚，他们的文章也明白干净，但是他们的做事，无不混乱、肮脏、喧哗”。我没有去过法国，也没有和法国人交友，不敢妄议他们做事是否混乱肮脏，但从这本《艺术哲学》，我可是领教了他们思想“有名的清楚”，他们文章的“明白干净”。

说理做到条分缕析，论证做到逻辑严谨，这属于理论著作分内的事情；而这本《艺术哲学》竟然如此文采斐然、诗意浓郁、激情饱满，着实给我带来意外的惊喜。

我们来看看作者对三幅版画《利达》的艺术分析。据希腊神话载，宙斯爱上了斯巴达国王丁达尔的妻子利达，化身为天鹅去引诱她，使得利达后来生下两个蛋，每个蛋里又生出一儿一女。意大利三位杰出的画家——达·芬奇、米开朗琪罗、柯勒乔，就这同一神话题材作了三幅同名的版画《利达》。且看丹纳如何于同中辨异，复述必然有损原文的精妙，这里我来当一次“文抄公”——

莱奥纳多的利达是站在那里，带着含羞的神气，低着眼睛，美丽的身体的曲折的线条起伏波动，极尽典雅细腻之致；天鹅的神态跟人差不多，俨然以配偶的姿势用翅膀盖着利达；天鹅旁边，刚刚孵化出来的两对双生的孩子，斜视的眼睛很像鸟类。远古的神秘，人与动物的血缘，视生命为万物共有而共通的异教观念，表现得不能更微妙更细致了，艺术家参透玄妙的悟性也不能更深入更全面了。

相反，米开朗琪罗的利达是魁伟的战斗部族中的王后，在美第奇祭堂中困倦欲眠，或者不胜痛苦地醒来，预备重新投入人生战斗的处女，便是这个利达的姊妹。利达横躺着的巨大的身体，长着和她们同样的肌肉，同样的骨骼，面颊瘦削，浑身没有一点儿快乐和松懈的意味，便是在恋爱的时节，她也是严肃的，几乎是阴沉的。米开朗琪罗的悲壮的心情，把她有力的四肢画得挺然高举，抬起壮健的上半身，双眉微蹙，目光凝聚。

……在柯勒乔作品中，同样的情景变为一片柔和的绿荫，一群少女在潺潺流水中洗澡。画面处处引人入胜：快乐的梦境，妩媚的风韵，丰满的肉感，从来没有用过如此透彻如此鲜明的语言激动人心。身体和面部的美谈不上高雅，可是委婉动人。她们身段丰满，尽情欢笑，发出春天的光彩，像太阳底下的鲜花，青春的娇嫩与鲜艳，使饱受阳光的白肉细腻中显得结实……利达却比她们更放纵，沉溺在爱情中微微笑着，软瘫了。整幅画上甜蜜的、醉人的感觉，由于利达的销魂荡魄而达于顶点。

作者最后总结道："以上的三幅画，我们更喜欢哪一幅呢？哪一个特点更高级呢？是无边的幸福所产生的诗意呢，还是刚强悲壮的气魄，还是体贴入微的深刻的同情？"

这样细微精妙的艺术分析，又用华丽畅达的语言表达出来，让我读过这些精美的文字后，不敢再去观看原画了，担心原作反而破坏了阅读分析所获得的美感。

法国人说丹纳是为思想而生，我想说丹纳是为诗意而生。

为什么要读西方的理论著作

一

很多年轻的朋友可能纳闷儿：我们喜欢听你讲古代诗词，为什么要和我们讲西方的理论名著？

精读西方的理论名著，既有助于提高我们的思辨能力，也有助于提高我们对古代诗词的赏析能力。

提高我们思维能力的最佳途径不外乎这样几种：认真学习形式逻辑或数理逻辑，认真阅读西方理论经典，认真学习数学或理论物理。

寸有所长，尺有所短。每个民族都有其优点和缺点。我们民族富于敏锐的直觉而短于抽象的思维，尤其拙于理论系统的建构。先秦没有像希腊那样留下几何学和代数学，也没有人像亚里士多德那样创立气象学、植物学、形而上学和诗学。《老子》五千言的确高深玄妙，可它都是用诗的语言直达核心，没有任何推理过程，所以它是“玄言”而非理论。《论语》是孔子与弟子的谈话，它亲切近情而非逻辑严谨。宋以后诗话汗牛充栋，给我们留下了前人细腻的读诗感受，许多评点叫人拍案叫绝，也有许多评论叫人摸不着头脑。

多年前，我在北京图书馆读到一本清人评唐诗的书，作者用朱笔在一首诗的旁边批了“妙、妙、妙”。显然评点者认为这首诗妙不可言，而我左思右想仍然不知道它到底妙在何处，评点者连声称妙，我觉得莫名其妙。以现代学术来衡量，这些诗话只是一些杂感，它们都不能算作“学术”。如果谁还像明清人写诗话一样写论文，估计没有哪家学术刊物愿意发表他的文章。

再以苏轼为例。苏轼在《书摩诘〈蓝关烟雨图〉》中说：“味摩诘之诗，诗中有画；观摩诘之画，画中有诗。”苏轼的感悟着实深刻精到，它们早已成为评论诗画的名言。可惜，苏轼没有对此进行理论阐释，他一瞬间就洞穿了诗与画的本质，叫人叹服他的顿悟和洞见。假如朋友们读读莱辛的《拉奥孔》，就会对中西方不同的思维方式有新的体认。莱辛用十几万字的篇幅，深入地分析了诗与画的交融与界限，其分析的独到，逻辑的缜密，定然会让你发现学术原来别有洞天。这些理论名著值得我们反复啃读。

我为什么先向大家推荐丹纳的《艺术哲学》呢？许多朋友一听到“哲学”就头疼，而这本书会改变你对哲学的印象：原来它不仅不枯燥无味，反而是那样美妙动人，原来它一点也不可厌可畏，反而让人觉得可亲可近。这本理论著作会改变你们对哲学理论的刻板印象，它能培养你对理论的兴趣。

这本书会让你一睹名著、名家、名译的风采，丹纳的文思如瓶泄水，傅雷的译文富丽传神。没有丹纳大概不会写得这么好，而没有傅雷肯定不会译得这么妙。傅雷译丹纳比“金风玉露一相逢”还要神奇，堪称中法文坛的绝配。我时而把《艺术哲学》当艺术理论来读，时而把它当精美散文来读。翻开它就不想合拢，拿起来就不想放下，我从上大学读到现在，前后读了四十多年，记不清反复读了多少遍，国内的傅译版本我几乎全有收藏。

谈过恋爱或已成家的人都知道，伴侣往往有才却无貌，学历好但家境寒，有幽默而无担当，要找一个样样般配的理想伴侣“难于上青天”，一旦遇上了天生佳偶定要视若明珠。其实读外译名著也是一样，要是碰到了名著名家名译，那就是前世修来的福分，它会给你带来一辈子的精神享受，所以我对丹纳和傅雷都同样感恩。

哈贝马斯｜自由民主政治的新一轮危机

张双利

复旦大学哲学院开设了一门西方马克思主义哲学课程。在这门课程中，当我讲到法兰克福学派的批判理论、该理论在二战后的新发展，以及以哈贝马斯为代表的新一代批判理论时，我总是会把德国法兰克福学派著名批判理论家哈贝马斯的早期代表作《公共领域的结构性转型》当作切入点。

这本书用德语写成，于1962年初次公开发表；我读的这本是英译版，是在1989年出版的。此后，这本书就成为整个国际实践哲学（也就是政治哲学和社会哲学）领域中非常重要的著作。准确地说，在20世纪90年代以后，它就成为该领域最受关注的理论著作之一。

也许大家会问，我为什么要读这本书呢？这本书第一次公开发表距今天已经六十余年了，这期间现代社会各方面的境况都已经发生了重要变化。似乎它所讨论的那个时代，离我们已经比较遥远了。

面对这个问题，我要针对不同受众来给予不同的答案。假如你是一个专业型的读者，对法兰克福学派的批判理论感兴趣，那么我会告诉你三个原因：

第一个原因是你读了这本书就能够明白，以哈贝马斯为代表的新一代批判理论家，他们真正关注的问题是什么。这个问题既是在二战以后，现代民主政治何以能够得到重建，更是在这个问题的背后，有一个意义更宽广的问题：不仅在二战以后，而且在整个资本主义的条件下，现代民主政治究竟会遇到什么样的难题？所以从这个角度来看，你就能发现批判理论不是简单的抽象理论，而是有重大现实关切的。理论和现实之间的关联点，在本书中你可以看得很清楚。

第二个原因是你看了这本书，就能明白批判理论所依傍的理论传统大概有哪些。我们去读《公共领域的结构性转型》，你会看到哈贝马斯不仅依傍着对早期资本主义，以及早期资本主义条件之下的公共领域的发展过程的梳理，去理解启蒙哲学与启蒙哲学当中对于现代政治的社会基础和理性基础的回答，更重要的是，他要站在后启蒙哲学的高度，站在黑格尔和马克思的现代社会理论的高度，对现代民主政治为什么必然缺失社会基础、为什么必然没有足够的理性根据，进行深入的揭示。他依傍着这两大传统，既有对启蒙传统当中对自由民主政治原则的坚持，也有在后启蒙哲学的传统当中，对现代民主政治内在缺陷的追问。这两大传统是我们去理解以哈贝马斯为代表的批判理论的重要理论基础，如果你没明白他对黑格尔和马克思的现代社会批判理论那自觉且深入的继承，你大概会陷入对《公共领域的结构性转型》非常肤浅的误读。

第三个原因，就是我们能通过这本书知道批判理论真正面临的思想任务是什么。在书中，你会发现这不仅仅在关注现实问题。实际上在这个现实问题当中，最困难的线索是如果现代民主政治是需要社会前提的、必须有理性根据的，那么它的理性根据和社会前提，在今天资本主义的条件之下，究竟能否被再度建构。民主政治的社会前提和民主政治的理性基础，这两大问题成为支撑着哈贝马斯进一步进行理论探索的重要方向。他的《公共领域的结构性转型》是起点，在这个起点之后，你能够看到他的“交往理性理论”，以及他对于激进民主政治，如何能够依傍着福利国家去重建社会前提的一系列复杂思索。

假如你不是一个专业型读者，你对于法兰克福学派的批判理论和理论传统的来龙去脉、内在的各个发展环节并不是特别感兴趣，但是你有基本的理论兴趣，对于现代社会的基本结构有思考，对于现代政治在资本主义的条件下为什么能够落地、现代政治在资本主义的发展过程当中将遭遇怎样的难题与困惑，那么我也推荐你去阅读《公共领域的结构性转型》这本书，主要有两方面的原因。

第一个原因是这本书的确具有广泛的理论影响。我刚才已经提到，这本书虽然是在 1962 年公开发表，但它真正在全世界产生广泛影响要在 20 世纪 90 年代以后。这是为什么呢？因为在 20 世纪 90 年代以后的世界范围内，自由和民主化的浪潮蔚然成风。在这个背景下，哈贝马斯关于公共领域，以及公共领域如何支撑起人们在政治上的自我规定和自我决断的讨论，成为人们认为能够和那个时代潮流相匹配的最重要的理论著作之一。也是在 20 世纪 90 年代以后，哈贝马斯的社会哲学和政治哲学思想开始被引入中国学界，我们中文版本是 1999 年公开出版的。在此之后，在中国的政治哲学界，如果大家去讨论公民社会问题和公共领域问题，大体上绕不开哈贝马斯的《公共领域的结构性转型》这本书。

第二个方面，在今天，在“哈贝马斯热”和他引发的关于公共领域的热点性话题似乎已然淡出之后，我依然要推荐这本书。因为这本书的思想内容的确非常重要，而且我们在上一波阅读中，多多少少是有很多误读的。如果你真的静下心来读这本书，你就会发现这本书并非只对公共领域进行肯定性的称颂，这本书所关注的核心问题是在资本主义的条件之下，自由民主政治何以能够落地。在这个基础之上，还要更进一步去问：看似已经落地的自由民主政治，为什么注定无法持续？资本主义的发展为什么一定会掏空它的社会基础？如果掏空了它的社会基础，自由民主政治为什么就岌岌可危？

对于这些问题，哈贝马斯不是抽象地谈，他还要在二战以后，在晚期资本主义的条件之下，有针对性地去谈。他讲二战以后，似乎一切都重回正轨，似乎民主政治重新回到了原来的道路。但实际上，资本主义的发展必然会导致现代政治缺乏现实基础的问题还在，而且问题的严重性更深。如果我们从这个角度去读它，你就能够明白自由主义式的阅读不够准确。而所谓的自由主义式的阅读就是把哈贝马斯在这本书中对公共领域的谈论，和我们在自由主义政治哲学的立场之上去强调社会为什么能够支撑起理性公民、理性公民为什么能够支撑起现代国家看成是一回事。也就是说，这种自由主义式阅读强调，从社会当中的个体，上升到社会所教养出来的所谓理性主体，再进一步上升到支撑着现代国家的理性公民的自由主义公式（burgher—human—citizen），在这本书的支撑之下能够被进一步说明。这种阅读显然和我刚才所提到的哈贝马斯在写作这本书时所关注的核心问题是有一些差距的。

我相信大家在新自由主义资本主义的危机，以及它所导致的民主政治岌岌可危的局势之下，都会有一些问题。大体上有四个：

第一个问题：随着早期资本主义社会的兴起，自由民主政治为什么能够落地？

《公共领域的结构性转型》这本书的前三章都在回答这个问题。第一章在讲：为什么会有从古典到传统，再到现代的变迁？在这个变迁当中，为什么会有公共领域和私人领域的分离？为什么会有我们所特别关注的，属于私人活动领域当中的公共领域的出现？这是我们所看到的他回答的第一个环节。

第二个环节是第二章，是对现代社会的结构性重构，他去讲：这样一个从古代到传统，然后再到现代的变迁，尤其是从传统到现代的变迁，带来的是怎样的现代社会？这个现代社会的结构是什么样子的？为什么一方面是公共权威领域，而另一方面是被解放出来的私人活动领域？在私人活动领域当中，为什么既有以市场经济为核心内容的市民社会，也有以市民社会对于每一个人自立地位的支撑为条件的核心家庭建构？为什么在市民社会和家庭的双重支撑之下，才有了公共领域？在这个公共领域当中，为什么我们大家去共同面对世界，形成对世界的不同判断？这是具有文学功能的公共领域。

在英、法、德这三大历史背景之下，在反对君权、争取宪政国家落地的过程中，公共领域又如何获得了政治功能，成为支撑现代的民主法治国家，或者说宪政国家的最重要的来自社会的基础？所以这是它的结构性的重构。

有了这个对历史过程的梳理，你就会成为一个心里很明白的人。你会知道现代社会是怎么来的；你会知道资本主义版本的现代社会是怎样落地的；你会知道在资本主义的条件之下，这样的现代社会为什么会带来现代政治的重要转型；你也会知道在这个转型之后，国家或者说是政权和社会之间的关系，为什么变成社会以理性的名义支撑和限定的现代国家和政权。

这是我们所看到的第一个问题：它是如何落地的？它保障每一个人的个体自由权利，然后主张以宪法为基础，去进行以法律形式的自我规定和自我管理，这样一个艰难的转型是如何发生的？

第二个问题：已经落地的自由民主政治为什么没有坚实的基础？

很多人去读这本书的时候，都觉得哈贝马斯给我们讲了一个早期资本主义的黄金时代，而它在当下晚期资本主义的条件下已不复存在。因此，我们读完这本书之后，就要想方设法地去回溯在早期资本主义条件下社会和国家之间的结构性关系。这个早期资本主义，就是自由主义的资本主义，用哈贝马斯的话来说，也就是从 1770 年到 1870 年的资本主义。

但其实这不是哈贝马斯这本书真正的思想内容，或者说重要的思想内容。在这本书的第四章，哈贝马斯会明确地告诉我们，这个看似已经落地的自由民主政治，实际上是没有现实基础的。书的前三章告诉我们，历史过程给了它社会前提和一定的历史条件，但是这个自由民主政治所要求的现实基础，在资本主义的条件下是不可能存在的。我们在第四章中会看到哈贝马斯对后启蒙哲学、黑格尔和马克思的现代社会批判理论进行了非常明确的论述。黑格尔告诉我们，政治经济学家所讲的那个市民社会，和实际的以市场经济为核心内容的、正在展开着的市民社会之间是有差距的。真正的以劳动分工体系和市场经济为核心内容的市民社会，没有办法支撑起我们从自私自利的个体到有理性教养的公民的跨越，这个市民社会本身具有无序性，会导致人和人之间的具有伦理差序的关系的彻底败坏。马克思当然是更进一步，他是在资产阶级社会的概念之下，对黑格尔已经洞察到的市民社会本身自我否定的发展趋势的进一步深化。

哈贝马斯对这一切全部接受，他并不反对黑格尔对市民社会的判断和对政治经济学的批判，也不反对马克思在这个基础上对黑格尔判断的进一步深化。刚好相反，他要站在他们的肩膀上明确承认，启蒙哲学所勾勒的从社会到国家、从社会中自私自利的个体到理性主体，再到支撑现代国家的理性公民的发展，这个过渡无法得到支撑，资本主义版本的经济必然使得社会基础被败坏。那么现代政治的社会基础和理性根据，究竟如何才能够得到维系？这是他所提出来的第二个问题，也是进一步的思考——这种现代民主政治注定无法持续。

我们现在知道了现代民主政治有可能被掏空，但毕竟经历了一战和二战这两次灾难，我们下定决心重建理性主义的文明，于是我们有了福利国家，关注每一个社会成员的社会福利。那是不是这样就解决问题了呢？是不是在晚期资本主义的条件下，自由民主政治的社会基础问题就彻底得到解决了呢？这就是哈贝马斯的第三个问题。

哈贝马斯这本书的第五章和第六章讲的是，在晚期资本主义的条件下，一方面只要你明白了黑格尔和马克思对资本主义版本的现代社会根本缺陷的断定，你就能够理解为什么一定会有从自由主义的资本主义往晚期资本主义、往所谓以垄断资本主义的经济为基础的组织化的资本主义的跨越。这个跨越是不可能回避的，因为资本主义版本的现代社会的根本难题未被解决，只要这个问题还存在，就必然会导致危机。在危机的背景之下，就会有资本的进一步垄断，自由竞争原则就会在国际和国内市场中双重撤退，国家和社会之间的结构性关系就会彻底改写，市民社会和家庭之间的结构关系就会彻底转变。

所有这些是哈贝马斯告诉我们的晚期资本主义现状。在晚期资本主义的条件下，公共领域的双重功能都被败坏，伴随着文化工业的兴起，支撑着大家对现代世界共识的、具有文学功能的公共领域被文化工业主导。在选举政治和大众选举的背景下，伴随着福利国家手中的强权和社会中垄断资本强权的出现，具有政治功能的公共领域，实际上变成了对大众舆论进行操纵的重要领地。

在这个意义上，晚期资本主义虽然有了福利国家，有了对工人福利和社会福利的看护，但是它绝对没有解决当年黑格尔和马克思已经看到的根本难题——现代民主政治在资本主义版本的市民社会不断发展的前提下必然会缺失社会基础，也会因此缺失来自道德理性的支撑。

这是哈贝马斯在《公共领域的结构性转型》中所回答的第三个问题，也就是在晚期资本主义条件下，现代民主政治是不是获得了新的基础。哈贝马斯说没有，福利国家并不能真正地解决这个问题。社会福利的原则也不是对这个问题的有力回应。

在前三个问题的基础之上，我们就能明白，这本书向哈贝马斯自己，也向所有与他同时代的理论家，尤其是社会哲学和政治哲学领域的理论家所提出的根本问题，也是第四个问题——如果我们承认资本主义的现实，那么在资本主义的条件之下，自由民主政治的社会前提和理性基础究竟能否被重建?

这是这本书所提出来的思想使命，也是这本书为哈贝马斯提出来的理论问题。如果你明白了他所提问的这个方向，你大概就明白他为什么接下来会有“交往行动理论”，为什么会对福利国家支撑的激进民主有进一步的理论阐发。

实际上，我在今天跟大家去推荐重新阅读这本书，除了它能够回答我刚才提到的，大家可能都比较关注的这四个层次的问题，我觉得还有两个进一步的理由。

一个理由是今天的我们已经从自20世纪90年代以来毫无戒备地拥抱自由化和民主化浪潮的心态中清醒过来，所以在今天我们去读《公共领域的结构性转型》时，往往可以避免一些误读。我们不会简单地把这本书当作对以政治经济学为支撑且复杂的自由主义政治哲学的简单辩护；我们也不可能从这本书中读出只要简单地恢复公共领域，现代民主政治就能得到健康发展。新的时代背景反而让我们能够真正读懂哈贝马斯站在后启蒙哲学的高度上，也是站在黑格尔和马克思的现代社会批判理论高度上，对现代社会所具有的根本难题的思考和揭示。在这个意义之上，今天我并非简单地推荐大家去阅读这本著作，而是建议大家可以来一轮二次阅读。二次阅读可以帮助我们更加贴近文本，也能够帮助我们去理解文本所关注的问题本身的复杂性和困难性。

另一个理由就是如果从这个角度来读这本书的话，实际上它是有当代意义的。恰恰是这本书能够帮助我们走出哈贝马斯。我从来没有说，我推荐大家去读哈贝马斯的这本著作，意味着哈贝马斯是那个能够解决他提出的根本难题的理论家，抑或是我们可以跟着他的理论找到解决问题的答案。刚好相反，哈贝马斯通过对这个问题的追问，明白理论任务何在，然后他终其一生对这两大理论任务进行回应。我们看到，哈贝马斯的公共领域和公民社会理论，实际上伴随了资本主义向新自由主义资本主义的进一步转型。

在这个意义上，虽然法兰克福学派的批判理论是左翼的，从理论效果的角度看它实际上已经成为某种意义上的主流理论。因此，如果今天的我们回到他这本早期代表作，我们就能够明白现代民主政治所遭遇的根本困境背后原因何在。一方面我们能够看清楚在当今新自由主义资本主义的条件下，当金融危机不断蔓延，危机的多重内涵不断出现，直至抵达民主政治的核心的时候，民主危机的根源究竟何在。实际上，《公共领域的结构性转型》这本书还是我们去理解这个问题的一个重要出发点。另外一方面，我们也能够明白哈贝马斯在这之后所提出来的，用激进民主去限定资本主义发展的解答方案，可能多多少少还是有其抽象性和内在缺陷的。

因此，从这本书出发，我们既能够理解他的理论发展，也能够展开和他的理论对话。如果更进一步的话，实际上也能够帮助我们去理解在当代我们所看到的民主政治的新一轮困境，以及这个困境背后的根源。

（全书完）

作者简介

陈家琪

同济大学政治哲学与法哲学研究所所长、教授。长期从事政治哲学与法国哲学、德国哲学、中西比较哲学等领域的研究。著有《当代哲学问题九讲》《三十年间有与无》等。

戴建业

曾任华中师范大学文学院教授，古代文学学科带头人，文学研究所所长。现任广东外语外贸大学云山工作室首席专家、教授。长期从事古代文学教学研究。著有《澄明之境——陶渊明新论》等。

方志远

江西师范大学教授。研究领域为明代国家制度与社会进程、明清江西商人与地域社会、明代市民文学与社会思潮。著有《万历兴亡录》《王阳明：心学的力量》等。

费勇

暨南大学教授。著有《人生真不如陶渊明那一杯酒》《不焦虑的活法：金刚经修心课》等。

刘擎

华东师范大学教授。主要从事政治哲学、西方思想史、现当代西方思潮与国际政治问题等方向的研究。著有《刘擎西方现代思想讲义》《2000 年以来的西方》等。

罗翔

中国政法大学教授，刑法学研究所所长。研究领域为刑法学、刑法哲学、经济刑法、性犯罪。著有《法治的细节》《刑法学讲义》《圆圈正义》等。

徐英瑾

复旦大学哲学学院教授。研究领域为现代西方哲学。著有《用得上的哲学》等。

余明锋

同济大学副教授。研究领域为德国哲学、政治哲学和艺术哲学。著有《还原与无限：技术时代的哲学问题》等。

郁喆隽

复旦大学哲学学院副教授。研究领域为西方哲学与宗教学。著有《50 堂经典哲学思维课》《当柏拉图遇到卢米埃尔》等。

张双利

复旦大学哲学学院教授、博导，哲学学院副院长。著有《黑暗与希望：恩斯特·布洛赫乌托邦思想研究》等。

人生大事，真管用的还是哲学

作者 _ 罗翔　等

产品经理 _ 张睿汐　内文设计 _ 张一一　产品总监 _ 王光裕
技术编辑 _ 顾逸飞　责任印制 _ 刘淼　策划人 _ 贺彦军

物料设计 _ 杨双双

鸣谢

李潇

果麦
www.guomai.cn

以 微 小 的 力 量 推 动 文 明

图书在版编目（CIP）数据

人生大事，真管用的还是哲学 / 罗翔等著. -- 沈阳：万卷出版有限责任公司，2024.1

ISBN 978-7-5470-6382-8

Ⅰ. ①人… Ⅱ. ①罗… Ⅲ. ①人生哲学—青年读物 Ⅳ. ①B821-49

中国国家版本馆 CIP 数据核字（2023）第 200148 号

出 品 人：王维良
出版发行：北方联合出版传媒（集团）股份有限公司
万卷出版有限责任公司
（地址：沈阳市和平区十一纬路 29 号 邮编：110003）
印 刷 者：天津丰富彩艺印刷有限公司
经 销 者：全国新华书店
幅面尺寸：145mm×210mm
字 数：125 千字
印 张：6.5
出版时间：2024 年 1 月第 1 版
印刷时间：2024 年 1 月第 1 次印刷
责任编辑：史 丹
责任校对：张 莹
封面设计：FBTD studio
ISBN 978-7-5470-6382-8
定 价：49.80 元
联系电话：024-23284090
传 真：024-23284448